草编 + 藤编 + 树枝编篮

完全图解

编织

手工篮子

100例

[日] 佐佐木丽子 著　孙中荟 译

WEAVE

人民邮电出版社

北　京

图书在版编目（CIP）数据

手工篮子编织完全图解 ：草编＋藤编＋树枝编篮100
例 /（日）佐佐木丽子著；孙中荟译. -- 北京 ：人民
邮电出版社，2021.12（2023.7 重印）
ISBN 978-7-115-57266-0

Ⅰ．①手… Ⅱ．①佐… ②孙… Ⅲ．①手工编织—图
解 Ⅳ．①TS935.5-64

中国版本图书馆CIP数据核字(2021)第177935号

内 容 提 要

你是否想要逃离喧嚣的城市？是否向往恬静的田园生活？你可以在编织过程中使纷乱的心绪平静下来，并用亲手编织的居家小物装点田园风格的慢生活。

本书是讲解手工编织篮的制作教程。本书共 4 个部分，第 1 到第 3 个部分分别是草编篇、藤编篇、树枝编篇，分别展示了用草、藤和树枝等制作的编织物品；第 4 个部分讲解了动手之前须知、可以用于编织篮子的天然材料、会用到的工具、术语说明、基础的编织方法和作品的制作方法。本书案例丰富，并用唯美的展示照片和详细的线稿步骤图片详细地讲解了制作手工编织篮的方法。读者不但可以从本书中学习制作经典样式的花篮，还可以学习制作托盘、盖子、挂件、手提篮等 100 件日常常用器具。

本书适合森系风格爱好者、手工爱好者和热爱生活的你阅读。赶快跟随本书，一起"编织"出浪漫的森系田园生活吧。

◆ 著　　　　[日] 佐佐木丽子

　　译　　　　孙中荟

　　责任编辑　刘宏伟

　　责任印制　周昇亮

◆ 人民邮电出版社出版发行　　北京市丰台区成寿寺路 11 号

　　邮编　100164　电子邮件　315@ptpress.com.cn

　　网址　https://www.ptpress.com.cn

　　北京印匠彩色印刷有限公司印刷

◆ 开本：787×1092　1/16

　　印张：17　　　　　　　　　2021 年 12 月第 1 版

　　字数：331 千字　　　　　　2023 年 7 月北京第 2 次印刷

　　著作权合同登记号　图字：01-2019-8078 号

定价：99.80 元

读者服务热线：(010)81055296　印装质量热线：(010)81055316
反盗版热线：(010)81055315
广告经营许可证：京东市监广登字 20170147 号

序

收集制作花篮的材料所带来的快乐会将制作时的快乐放大无数倍，特别是收集野生植物。伴随着它们的声息，将毫不吝啬地赠予我们许多灵感。这些材料包括在日照充足的路边摇摆着的凌风草、即使表皮已经变得干巴巴也依然紧紧攀附在枝条上的葡萄藤、被阳光染成了粉色的柠檬草、被强风吹落的垂柳枝条，诸如此类。可以给这些材料搭配上布、纽扣，有时也会点缀上蝴蝶结之类的装饰品。在自己的期待中诞生的作品，它们就像可以推心置腹的朋友那样温暖又平和。

对于自己亲手采集到的材料，细细斟酌一番后，当有了意想不到的发现或是疑问有了答案之时，作品便诞生了。

书中所展示的花篮等的制作方法，是我从 1997 年到 2003 年出版的 4 本书的"集大成"之作。

由衷地感谢将所有已绝版的书重新"挖掘"出来的诚文堂新光社和同意将其再版的文化出版局。

佐佐木丽子
2018 年 6 月

目 录

草编篇

藤编篇

树枝编篇

花篮的编织方法

草编篇

001

摇摆的凌风草花篮

在脑海中，以在原野上随风摇摆的凌风草为蓝本，尝试着加入了手边现成的龙须草制成了这个花篮。把花篮放在窗边，从窗外吹进来的风伴随着花篮的香气，让人仿佛置身旷野。

制作方法→第 124 页

002

凌风草花篮

今年也采了我特别喜欢的凌风草。保留凌风草在自然中生长的姿态，直接将它们制成花篮。可以直接将花篮当成装饰品，也可以将同色系的干瓣葵以及颜色鲜艳的干花作为装饰放入花篮。

制作方法→第 126 页

003

凌风草手提篮

这是用我喜欢的凌风草的穗子编出来的花篮。可以放入干花作为点缀，它很适合用来装巧克力。

制作方法→第 128 页

004

迷你狗尾草花篮

用生长在路边的狗尾草也能制成十分可爱
的花篮。可以放入树木果实之类的天然材
料作为点缀。

制作方法→第 130 页

005

迷你芒草花篮

这是用酒椰叶纤维将芒草和茅草卷编在一起制成的花篮。这种花篮能够突出穗子毛茸茸的感觉，使人感到民族风的气息。

制作方法→第131页

玉米皮早餐餐具组合

由于玉米皮比较容易找到，并且较为柔软，使用起来也比较方便，所以它非常适合新手使用。用卷编法制作蛋托和糖罐非常容易，吐司篮和餐具垫选用带状的玉米皮来编织。

012

"万能"玉米花篮

编织时需将玉米皮拧成绳状，可以任意加入
布片或麻绳等其他材料进行点缀。

制作方法→第 139 页

柠檬草、珠光香青花篮

这个花篮是用酒椰叶纤维将柠檬草卷编起来，之后在篮口点缀上一圈珠光香青制成的，它营造出了一种温馨的氛围。不论是在花篮中加入其他的装饰品作为点缀，还是直接放在餐桌上使用，都是不错的选择。

制作方法→第 140 页

柠檬草面包篮

这是在柠檬草中加入迷迭香，再使用绿色的酒椰叶纤维进行 V 字
卷编所制成的面包篮。可以放在餐桌上用来装面包或者饼干。

制作方法→第 142 页

015

柠檬草茶壶垫

这个茶壶垫是使用酒椰叶纤维将柠檬草卷编起来，之后在边缘部分点缀上蕾丝和叶片装饰制成的。在上面放上茶壶之后，会散发出清新的香气。

制作方法→第 143 页

柠檬草餐具组合

柠檬草作为香草的一种，气味芬芳，作为编织材料来说，结实好用，因此我很喜欢使用柠檬草。在它还是绿色时采集，风干之后它会变成好看的粉色，这是令人惊艳的天然的颜色。做好的成品可以加上长鬐蓼、龙须草或者虞美人果实等作为点缀。

019
迷迭香奶酪盘

这是我尝试用麻绳混合迷迭香、百里香、薄荷编织出的托盘。用它盛上奶酪,享受香气四溢的一餐吧。

制作方法→第 147 页

020

迷迭香杯垫

这是使用麻绳卷编之后,在边缘点缀上迷迭香所制成的杯垫。这个杯垫很适合放红酒杯或者利口酒杯等。

制作方法→第 148 页

迷你迷迭香花篮

这个花篮编织成什么形状都可以。它能够散发
出让人"苏醒"过来的香气。

制作方法→第 149 页

022

薰衣草花篮

这是一款如果我采集到许多薰衣草之后一定会制作的花篮。编织时需要将薰衣草弯折，然后用丝带将其编成花篮。

制作方法→第 150 页

023

薰衣草挂件

这个挂件能让人享受到薰衣草香甜的气味。可以挂在墙壁上、梳妆台上，或者放在包里。

制作方法→第 152 页

藤编篇

024

木通面包筐

这似乎是在不经意间随意编织出的面包筐。编织时可以按照自己的喜好对造型进行调整。为了增加面包筐的深度，编织时需加大材料的弧度。编织完成之后用花朵点缀也是非常不错的选择。

制作方法→第 153 页

025

木通茶壶垫

这种茶壶垫是以井字形框架为中心，采用素编法进行打底，最后用三组法收尾所制成的。如果将茶壶垫点缀上花朵作为挂饰，又会呈现另一种效果。

制作方法→第 154 页

026

迷你木通托盘

这是将木通用四角编法编织出的迷你托盘，边缘用三组法收尾。用迷你木通托盘来盛放三明治是不错的选择。

制作方法→第 156 页

027

木通托盘

这是一款将木通用四角编法编成的简易高边版托盘。托盘里可以放入茶具、面包等，可以满足人们在餐桌上的多种需求。

制作方法→第 158 页

流木木通托盘

我在出去旅游时，会在沙滩上寻找流木。被波浪和沙子"洗涤"过的树枝，不论是好看的颜色还是美妙的形态，都是大自然馈赠给我们的礼物。"把它编织成什么样子比较好呢？"这个问题令我十分苦恼，但仅仅顺着材料原本的样子就编织出了美丽的作品时，我真的很开心。在制作时以流木为基底，使用木通任意编织即可，成品可以作为小吃拼盘的托盘使用。

制作方法→第 160 页

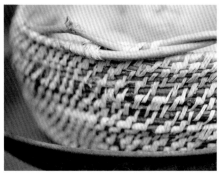

029

木通水果篮

将木通的藤蔓与酒椰叶纤维卷在一起编出篮子
的形状，最后在篮子的边缘点缀上剥了皮的木
通即可。

制作方法→第 161 页

木通花篮

先将木通用三编法固定在一起，再用素编法编织成花篮。它可以用来盛放水果或蔬菜。

制作方法→第 162 页

031

承重版木通花篮

木通的地下茎粗细较为均匀，然而地上茎的粗细很难一致。
这种时候最适合的编法之一就是混编。用葛藤作为框架，不
用考虑章法，粗略地编织成形即可。木通的柔韧性较好，所
以即使篮中放入重物也可以。

制作方法→第 164 页

032

心形木通花篮

这是粗略地编成心形的花篮，亮点在花篮中心的小圆环。在花篮中放入干花作为点缀也是不错的选择。

制作方法→第 165 页

木通钵罩

这是用迷迭香和木通编成的钵罩，它会散发出迷迭香清爽的香气。

制作方法→第166页

无底野葡萄藤钵罩

将野葡萄藤作为竖芯，以双绳编法为主，结合素编法将木通编成钵罩。这是一个没有底部的钵罩，所以可以完美贴合钵的"大小"。

制作方法→第 167 页

035

野葡萄藤钵罩

野葡萄藤质地坚硬，粗细长短不一，是适合粗略编织的材料。我们可以活用野葡萄藤的特性，将多根野葡萄藤绑在一起，再用木通粗略地将其卷编在一起即可。野葡萄藤的卷须可以作为整个作品的点缀，起到"画龙点睛"的作用。

制作方法→第 168 页

036

庭院用棕榈绳花篮

我一直想要一个可以用来放庭院工具和采摘的花草的篮子，所以就制作了这个花篮。竖芯选用的是比较粗的野葡萄藤。棕榈绳具有粗细均匀、便于编织的优点，与此相对的，需要注意的是棕榈绳缺乏弹性，因此花篮边缘等部分可以使用柔韧性较好的天然藤蔓进行补足编织。

制作方法→第 170 页

037

野葡萄藤水果篮

这个篮子灵活运用了野葡萄藤粗壮的特点，特意制成了造型不拘小节的手提篮。编织方法是升级版的卷编法。

制作方法→第 169 页

038

野葡萄藤烛台

在用粗壮的野葡萄藤制成的托盘上，放上卷编
而成的篮筐就制成了烛台。细小而又弯曲的卷
须可以作为点缀。

制作方法→第 172 页

039

常春藤花篮

这个花篮是我边在脑海中想象着在餐桌上使用的大盘子边尝试着制作出来的。混编时要将常春藤拉紧，编入一些小疙瘩，最后在篮口绑上葛藤框架作为点缀。成品除了可以盛放水果，铺上绿色植物用来盛放小吃、拼盘也是不错的选择。

制作方法→第 173 页

常春藤灯罩

因为平常在用的灯罩旧了，所以我就一直想着能不能用藤蔓编一个。虽然经过反复试验，但是在编织时还是出现了许多问题，编了拆、拆了编，终于编织成功。从灯罩中透出的光让人感到温暖而又心安。

制作方法→第 174 页

迷你紫藤花篮

这是结草虫模样的花篮，可以放入花、小果子
来点缀一下。

制作方法→第 177 页

042

紫藤通用花篮

用粗的紫藤扭成提手，篮身部分则是用混编法
制成的。它可以作为报刊架，也可以盛放烧暖
炉时用的柴火。

制作方法→第 178 页

043

紫藤棕榈绳花篮

篮身以及提手的部分都是由紫藤所制而成的。
虽然紫藤较粗,平直的紫藤较少,但是紫藤是
容易找到的材料。这种可以称为大自然"神来
之笔"的藤蔓(长得极像花篮的提手),如果
能将它们原本的形态活用起来,成品的效果一
定非常棒。

制作方法→第 180 页

044

紫藤花环

花环是藤编物品中非常简单的一种。将材料卷起来点缀上干花即可制成花环。为了能让这些材料融为一体，可以使用野生的虞美人果实来点缀。

制作方法→第 181 页

紫藤烛台

这种烛台是将紫藤用卷编法粗略地编一下,再点缀上胡桃或橡果。喷上金色的喷漆,可营造出节日的氛围。

制作方法→第 182 页

046

葛藤花篮

这是运用"质朴"的葛藤粗略编成的小花篮。
可将山药藤蔓缠绕在花篮上进行点缀。花篮可
盛放花朵或小果实。

制作方法→第 183 页

葛藤皮组合餐盘

日本的工艺品会用到樱花树或者白桦树的树皮，但是我觉得也许还没有人把用树皮所制的工艺品用"编"的形式呈现出来，所以尝试着制作了一下。把葛藤放入水中剥皮之后，葛藤皮变柔软，就能得到绳状的材料。然后像织毛衣一样，用钩针细致地将其编织起来。成品会有一种特殊的手感。

制作方法→第 184 页

048

葛藤皮花篮

我尝试着将葛藤皮编成长长的一片，最后用它制成了有提手的花篮。剥开葛藤的皮之后，粘连在皮上面的、有些许坚硬的部分。如果直接使用，成品会比较结实，也会比较容易定形。

制作方法→第 185 页

049

葛藤菜篮

将这种菜篮放在厨房可以装马铃薯、洋葱，放在客厅可以当作报刊架。像这种比较大的菜篮也可以当作"万能"手提篮，适用于各种场合。在制作大型菜篮时，粗的葛藤是非常适合的材料。

制作方法→第 186 页

050

葛藤、秋草菜篮

这是加入麻绳编织而成的菜篮。先用粗的藤蔓编好框架，再采用素编法编织即可。

制作方法→第 188 页

葛藤、秋草花篮

这是在葛藤中加入芒草、黄背草等拥有美丽穗子的秋草制成的花篮。如果在篮中放入灯泡作为装饰，在灯光的照射下，穗子会变得十分好看。

制作方法→第 190 页

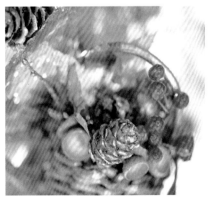

052

葛藤花环

这是将葛藤弯曲后装饰上秋日的树木枝条的简单花环。亮点在于点缀在花环上的小果实。

制作方法→第 192 页

土茯苓花篮

将生长在庭院里"染上秋色"的土茯苓简单缠绕之后就可以用来装饰沙发了。这个作品就像是为欢迎秋天的到来而制作的。

制作方法→第 193 页

054

土茯苓水果篮

将秋后结果的土茯苓风干，土茯苓会变硬。将
藤蔓切分成一段一段的之后，就可以开始制作
水果篮的造型了。

制作方法→第 194 页

055

土茯苓面包筐

这个作品也是在尽量不弯曲坚硬的藤蔓的基础
上制成的。亮点在于藤蔓与麻绳的搭配。装饰
上土茯苓的果实之后就可以放上餐桌了。

制作方法→第 195 页

忍冬藤蔓灯罩

黄栌的花朵看起来就像毛球一样松软，从灯罩里所散
发出的金色光芒让人百看不厌。将山桐子干叶片喷上
金色的喷漆，最后按照个人喜好，在用藤蔓制成的篮
框里放入干花进行装饰即可。

制作方法→第 196 页

057

忍冬藤蔓花篮

忍冬藤蔓是白色的，有一种特别的风情。可以按照藤蔓原本生长的走向进行混编，这也是非常有趣的。

制作方法→第 198 页

树枝编篇

058

"万能"手提篮

这个篮子是按照古时欧洲流传下来的传统篮子的样子制作而成的。这个篮子包括有盖版、无盖版、有提手版、一个提手版以及两个提手版等版本。

制作方法→第 199 页

纸巾手提篮

制作这个篮子的初衷是制作一个能让人感到温暖的篮子。怀着这种想法，我选择了垂柳枝条作为编织材料。将玉米皮染上淡淡的颜色之后就可以制作成整体都为浅茶色的篮子了。

制作方法→第 202 页

060

迷你手提篮

思考如何搭配编织材料是非常有趣的。在此基础之上，如果察觉到篮子是可以用手边现有的材料制作，这种快乐会加倍。制作这个篮子时，我发现了竹子是一种非常适合固定柳枝的材料。

制作方法→第 204 页

061

野餐手提篮

这个篮子是非常常见的欧美风柳条篮。只需多加一个盖子，篮子整体的造型就会变得时尚。想象一下，在耀眼的阳光下，戴着草帽的女士手里拎着一个这样的篮子，我喜欢这样的场景。

制作方法→第 206 页

062

柳枝餐用篮

柳枝不管是颜色还是光泽度都非常不错。可以
将柳枝扎成一束，再用木通将其卷编成篮子。

制作方法→第 209 页

香料篮

将这个篮子制作成镂空的样式会比较方便使用，这样通风性也会变好。该作品的亮点就在于这 3 个篮子每个都可以单独取下来。

制作方法→第 210 页

水果手提篮

这个篮子的边缘采用三组收尾法进行编织。采用这种方法的编织要点在于要事先选择柔软的柳枝并将其长时间浸泡之后再投入编织。篮子提手部分长度不同，作品带给人的感觉也不同。

制作方法→第 214 页

065

大型托盘

除了立柳的枝条之外，编织时加入其他种类的柳枝也是不错的选择。
其中圣诞节时使用的红色的枝条是红端木枝条。

制作方法→第 216 页

066

糖果盒

因为糖果盒是镂空的构造，所以盒子里可
以放入好看的糖果、熏香或在海边拾到的
贝壳等作为点缀。

制作方法→第 218 页

067

杯垫

这个制作起来很简单的杯垫使用的柳枝材料
与制作托盘所用的是一样的。制作时尝试自
行设计杯垫大小或者样式是很有趣的。

制作方法→第 221 页

068

小型柳枝购物篮

购物或者散步时，我非常喜欢携带这种非常轻便的用天然材料制成的篮子，使用起来非常方便。制作篮子时，使用木通作为竖芯，再用柳枝包裹编织，提手的部分也用木通制作。

制作方法→第 222 页

069

小型柳枝挎包

挎包的底部用柳枝和绢丝粗略地编织后，包身部分用棒针
编织。柳枝和绢丝搭配在一起是"绝配"。

制作方法→第 224 页

070

胡桃手提篮

小型的购物篮里一般可以装入钱包、太阳镜以及记事本之
类的小物件。用胡桃作为装饰，带着这个小篮子外出，每
走一步胡桃都会跟着轻轻摇晃。

制作方法→第 226 页

071

柳枝花篮

柳枝作为粗细均匀且富有韧性的材料，具有容易采集的特点，所以一直是我喜欢使用的材料。冬季收集到的柳枝上面长着嫩芽，嫩芽是整个作品中的亮点所在。

制作方法→第 228 页

072

柳枝紫罗兰花篮

去英国旅行时，我见到了一种有着白色的纤细提手，叫作紫罗兰花篮的陶器。将那个陶器作为"蓝本"，我试着用柳枝制成了这个花篮。在点缀上野生的紫罗兰之后，这样的搭配会让人心生怜爱。

制作方法→第 230 页

073

白色柳枝紫罗兰花篮

这个花篮是柳枝紫罗兰花篮的改良版。在水中泡过、变软之后的柳枝，被剥开表皮之后是白色的，再点缀上深色的花朵，会形成强烈的视觉对比效果。

制作方法→第 231 页

螺纹花瓶

以前这种螺纹花瓶是为了盛放萤火虫而被制作出来的，所以是镂空的形态。将其编得大一些的话，作为灯罩使用也是不错的选择。

制作方法→第 232 页

垂柳花篮

在春寒料峭的二月，垂柳枝条上已经开始萌发出红色的嫩芽。这时候采集到的垂柳枝条异常柔软，只需用手轻轻调整，就能编成花篮的形状。

制作方法→第 234 页

苹果花环

垂柳枝制成的花环作为装饰品，制作成各种风格都不违合。在用作圣诞节装饰之后，添上松果之类的小物件，就成了新年装饰。

制作方法→第 235 页

项链型花环

将细细的垂柳枝编织成项链的形状之后，我试着用小果子、玫瑰进行了点缀。将这个花环作为装饰毛衣的项链来使用也是不错的选择。

制作方法→第 236 页

078

柳枝厨房花环

这是通过在缠绕好的柳枝上点缀月桂叶和红辣椒所制成的花环。花环编织完成之后可以放在厨房作为装饰品。

制作方法→第 237 页

079

大型手提置物篮

如果有一个可以放重物的大篮子，我们的生活
会便利许多。这是一种可以当作洗衣篮使用，
也可以当作报刊架使用的篮子。

制作方法→第 238 页

080

葡萄酒篮 I

这是一款由立柳枝条所制成的、适合用于装入葡萄酒并一起作为礼物赠送给他人的篮子。扭在一起的提手部分是"点睛之笔"，篮子边缘则可以用金色的绳子装饰。

制作方法→第 240 页

081

果子篮

这个花篮与葡萄酒篮一样是筐型花篮，但属于浅口花篮。制作提手部分时可以发挥自己的创造力。

制作方法→第 242 页

082

葡萄酒篮Ⅱ

这是对新手来说，制作起来大小非常合适的葡萄酒篮。秋天河边的立柳枝条会随着时间的推移，慢慢由绿色变成橄榄绿色和茶色。

制作方法→第 244 页

083

嫩芽篮 I

在度过灰蒙蒙的、万物休眠的冬天之后，立柳最先露出小小的、圆溜溜的嫩芽。将用柳枝制成的花篮摆在房间里，嫩芽会在不知不觉中继续生长，最后会变成一派繁荣的景象。

制作方法→第 246 页

嫩芽篮 II

嫩芽篮与春天在路边采摘的野草很搭调。看着这个篮子，你仿佛能够"听到"春天的声音。

制作方法→第 248 页

干花篮

这是一种使用长着嫩芽的立柳枝条作为装饰，
再用看似随意的手法制成的花篮。早春时节还
可以在庭院里收集银叶草，等到它变成浅灰色，
可作为与这个花篮相配的装饰品。

制作方法→第 250 页

086

圣诞树桩

将柳枝绑成一束，再点缀上蝴蝶结就制作成了圣诞树桩。像松果、橡果这样的常见的材料是非常可爱的装饰。

制作方法→第 252 页

087

门挂件

这是只需少量的柳枝就可以快速制成的门挂件，它的体积较小，作为树的装饰也是不错的选择。

制作方法→第 253 页

088
奶酪盖子

用柳枝制成的奶酪盖子可以用于适当保存奶酪中的水分。这个奶酪盖子即便只是放在桌子上作为装饰也是很漂亮的。

制作方法→第254页

089

单人用托盘

白色的线与深色的柳枝所形成的鲜明对比，使托盘变得更加时尚。将其稍稍倾斜着挂在雪白的墙壁上也是十分养眼的。

制作方法→第 256 页

Y 形托盘

这是使用 Y 形树枝制作而成的托盘。可以在其上铺上一层叶片来盛放食物，当然也可以挂在墙壁上当作装饰。

制作方法→第 257 页

麻绳盘

麻绳盘外表看起来像是从外星闯入地球的飞
碟，事实上是用麻绳编织的盘子。

制作方法→第 258 页

092

螺旋状手提篮

这个篮子是我试着将 3 种颜色的麻绳编成螺旋形状而制成的作品，思考颜色应如何搭配的过程让我觉得非常有趣。这是即便手边只有少量的柳枝也能够制作出来的篮子。

制作方法→第 260 页

093

"一落"篮

如果用极细的麻绳进行密编，就能编织出
漂亮的旋涡样式的篮子。但是用较粗的枝
条编织，那么与之相对应，麻绳也要选择
较粗的，这样成品整体看上去才会协调。

制作方法→第262页

094

旱柳花篮

这是我尝试用钢丝和弯曲的粗旱柳枝条编织出的花篮。选择比较有特色的花朵来点缀会更好看。

制作方法→第 263 页

"万能"水杨花篮

像鸟儿羽毛一样柔顺的水杨花穗，是我很久以前
就想用来制作花篮的材料。水杨枝条十分坚硬，
这时候就要借助麻绳的力量来给花篮定型。

制作方法→第 264 页

096

水杨花环

这是趁着水杨枝条还有水分时将它制成的花环。
最后用珠光香青进行点缀，完成后可以将整个作
品直接风干。

制作方法→第 266 页

树枝花瓶

制作树枝花瓶所用的材料是在树林里砍伐树木后掉落下来的枝条。即便分辨不出这些是什么树的枝条，但我们可以活用这些已经长出嫩芽的枝条来制作花瓶。制作完成之后可以直接将其当作一件艺术品来摆放，在里面插上干花也很相配（插花时，铺上一层塑料膜的话，整个作品会更稳固）。

制作方法→第 267 页

098

樱花树枝架

樱花树枝架是将樱花树枝用木通藤蔓固定成扇形后制作而成的。树枝架的纹路是参照叶片的样子编织而成的。当然，树枝部分采用其他的材料也是完全可以的。

制作方法→第 268 页

白桦花篮

这是用白桦树的树皮和藤编装饰片交织在一起
制成的挎包型花篮。除了鲜花或干花之外，放
入熏香也是一个不错的选择。

制作方法→第 269 页

100

白桦挂饰

白桦树树皮天然的颜色和形状非常适合做成挂
饰。将白桦树树皮与日本落叶松的枝条编织在
一起，制作成挂件，可以将其挂在房间里。

制作方法→第 270 页

花篮的编织方法

如何制作花篮

动手之前须知

为了能顺利地进行编织，在编织作品之前，请参考以下建议。

框架要选用比竖芯更粗的材料制作，竖芯则应选用比编织材料更粗的材料制作

制作编织作品需要使用框架时，应该选用比竖芯更结实的材料。先将材料在水中浸泡2~3周，再调整形状。而竖芯应该选择比编织材料更硬且更结实的材料来制作，这样比较方便编织。

开始编织时要选用柔软的材料

开始编织时要选用特别柔软的材料，这是使编织过程能够顺利进行下去必不可少的条件。

一边修整接口，一边编织

编织时，一边用锥子拉紧接口进行修整，一边继续编织（编织镂空物品的情况除外）。如果不修整接口，编歪一点点，最后都会导致整个作品歪斜。

一边喷喷雾，一边编织

在编织的过程中，如果材料干了，则可以喷点水让材料变软。特别是从底部编到侧面时，以及进行收尾工作时，如果材料过于干燥就会变得不易弯曲。

待材料彻底干燥之后再使用

如果在材料潮湿的状态下编织，制作出来的作品会含有过多的水分。因此为了不让制作完成的作品发霉，一定要让材料在阳光下充分干燥之后再投入使用。

充分发挥天然材料的特性

要想了解材料的柔韧性，可以将材料浸入水中一段时间。拿到材料之后，可以根据材料的卷曲度、粗细度、疏密度，以及材料的特点等来使用。不要被材料"束缚住"，按照自己的喜好进行挑选，尽情享受制作作品的乐趣。

注意： 制作方法中提到的大小均为推荐尺寸。试编的材料如果折断了或是歪斜了，可以通过将间距调大一些等方式进行调整。

可以用于编织篮子的天然材料

接下来介绍本书所用到的代表性材料。准备好材料之后，让我们开始编织篮子吧。

草

【采集方法】本书中使用到的狗尾草、茅草、知风草等植物的草茎较长，适合用于捆扎及编织。采集时尽量在穗子未开花时从根茎截断。

【保存方法·材料准备】在通风好、不会淋到雨的地方，将已经去掉叶子并捆扎在一起的草束倒挂，自然风干即可。即便是在只使用草茎的情况下，用这种方法风干的材料也会变得更加有韧性，且不容易变色。虽然风干的时间会根据植物种类的不同有些许出入，但在大约3周之后，材料大多就会变成浅茶色。由于草茎和穗子比起来要细小得多，因此需要多风干一些草茎，玉米皮则需要一张一张撕下来单独风干，使用时用喷雾喷上水或者是快速地将玉米皮在水中过一下即可。

凌风草

春天凌风草生长在阳光充足的野地或者路边，长30~40cm。草茎非常有韧性，所以编织起来很容易。推荐用外形像小金币一样摇来摇去的穗子，将其捆卷起来编织。

狗尾草

狗尾草生长在阳光充足的野地或者路边，长40~70cm。它的特点在于其夏秋时节生长出来的穗子，可以作为装饰点缀在篮子的边缘。

芒草

芒草一簇一簇地生长在阳光充足的野地或者路边，长1~2m。芒草有比较坚硬并且边缘呈锯齿状的叶片，采集时需要小心。编织时可以活用夏秋季节收集到的穗子进行卷编。

茅草

茅草一簇一簇地生长在阳光充足的野地或者河滩，长30~50cm。春天至初夏时节，在它细长的穗子还未开花之前采集比较适宜。茅草长得很像芒草，也同样适用卷编法。

玉米皮

我们可以选用当季的玉米的皮作为编织材料。这是适合新手的材料。根据成品外形以及摆放场所的不同，可选的材料分为较硬的外侧玉米皮和柔软的内侧玉米皮。

龙须草

从4月中旬开始，在阳光充足的路边或河滩经常可以看到龙须草的身影。龙须草长50~70cm，并且比较结实。要趁着它还未开穗之时将其采集下来风干。一般用酒椰叶纤维或者线进行卷编。

白辣蓼

白辣蓼别名为马蓼。由于它草茎纤细，采集时应连同粉色的花朵一起摘下，花朵可以作为装饰与其他材料混合在一起使用。采集时间为初夏至11月，采摘时以选择草茎粗、花苞还未绽放的为佳。

知风草

知风草作为禾本科多年生草本植物，生长在阳光充足的路边或者空地。知风草长30~50cm。可以将其绑成一束卷编起来。

珠光香青

春天珠光香青生长在阳光充足的山地的草丛里。珠光香青长10~30cm，它的叶和茎上长着白色的茸毛，顶上开着小小的白花。花朵适合作为装饰用于卷编作品的边缘或者点缀在花环上。

柠檬草

柠檬草是长得像茅草的禾本科多年生草本植物。它拥有像柠檬一般清爽的香气，经常用于有民族特色的料理之中。春天在叶片还是绿色时将其采摘下来，放在阳光充足的地方晒干，等到秋天它就能变成漂亮的粉色。

迷迭香

迷迭香的特点在于它独特而又强烈的香气，就连草茎部分的香气也很迷人。它不需要风干，可以直接使用新鲜的迷迭香，叶片更不容易掉落。编织时，适合将其与藤蔓类的材料搭配使用。

薰衣草

薰衣草是拥有可爱的紫色花朵的香草界的"女王"。编织时使用新鲜的薰衣草，其草茎更软、更方便处理。如果薰衣草干了，可以先使其湿润再开始编织。

薄荷

薄荷包括香味甘甜的荷兰薄荷、香气温和的胡椒薄荷以及有苹果香气的毛茸薄荷等。将薄荷与其他的香草混合起来制成的花篮，香气一定十分迷人。

百里香

百里香的特点在于它清爽的香气，百里香有直立茎的品种，也有匍匐茎的品种。编花篮时，选择直立茎的百里香编织起来会比较容易。可以将其与其他香草混合起来制作花篮，这样就可以享受它们的混合香气了。

藤蔓

【采集方法】藤蔓可以去花店购买，也可以在杂树丛中采集。应在秋末至冬天，树叶掉落之后的一段时间采集。春夏时节，由于植物还处于生长阶段，水分会比较多，这时即使采摘下来，材料也会变黑，制作出来的作品就不美观了。

【保存方法·材料准备】收集到的材料可以卷起来，在通风背光的地方放上一个月使其变得干燥。如果在材料还有水分残留的情况下就进行编织，过一段时间之后藤蔓会收缩，制作好的花篮也会随之变形。编织之前一定要先将材料在水里浸泡使其变软再使用。浸泡的时间根据材料的品种以及粗细会大不相同，但像木通、葛藤、青藤、野葡萄藤等本身就比较柔软的材料，浸泡1~3天即可。而像紫藤、金银花这类较硬的材料则需要浸泡3~5天。等到材料充分浸泡之后，擦干水就可以开始制作了。

木通

木通是一直以来就经常被用于花篮编织的代表性材料。它生长于山野之中，可以在11月至次年3月进行采集，特别是"在雪下面过了冬"的藤蔓，光泽度会很好，并且非常结实。这种藤蔓延展性好，没有结点，编织起来比较容易。

野葡萄

野葡萄藤生长在山野里，采集的时间为藤蔓的茶褐色表皮逐渐变深的11~12月。粗的藤蔓比较坚硬，适合作为竖芯使用，并运用粗编法进行编织；细的藤蔓韧性较好，编织起来比较容易。野葡萄藤的卷须也可以作为作品的装饰来使用。

常春藤

不论是种植在庭院里的常春藤，还是在山野里恣意生长的常春藤，都可以作为编织的材料使用。作为常绿植物，不管什么时候去采集它都是可以的。常春藤的气生根较少，比较容易扯断，要选择弹性好的进行采集。

紫藤

除了经常在庭院里看到的紫藤，一种叶片较宽大、生长在山野里的山紫藤也经常被用作编织材料。它的采集时间为叶片掉落之后的秋冬时节。紫藤的外观与葛藤相似，但是紫藤的表皮有微微泛灰的皮孔。

葛藤

除了山里，河堤上也经常有葛藤的踪影。葛藤较柔软，表皮上有许多细小的凸起。它的采集时间为叶片掉落后的12月至次年3月。花大约半年时间使它风干之后，葛藤会变得紧绷绷的，更加容易编织。

土茯苓藤蔓

作为木质藤蔓，土茯苓的藤蔓质地坚硬。它主要生长在山林里，特点在于其心形的叶片和红色的果实。它的采集时间为11月至次年1月，适用于粗编法。其果实可以作为作品的装饰使用。

金银花藤蔓

金银花的藤蔓略带灰色，即使在山中、杂树丛里也比较显眼。剥开金银花藤蔓的表皮，会露出光滑的白色内部。选择有弹性且较粗的藤蔓会比较容易编织。采集时间为11月至次年3月。

络石

络石作为四季常绿的植物，自由生长在山野里。藤蔓为深褐色，较细、易折断。应在藤蔓表皮颜色还留有部分绿色、水分还比较充足的11月末采集。将其彻底风干之后，放在水里浸上1~2天即可用于编织。

青藤

青藤生长在山野中，长有紫黑色的果实。青藤较柔软、易编织。它的地下茎细长、柔韧，使用起来非常方便（木通也是如此）。采集的时间为叶片掉落的秋冬季节。

树枝

【采集方法】从秋末到春季，可以收集叶片已经掉落了的枝条。刮完大风的第二天，会有很多掉落的树枝，这些都是方便收集的材料。像尖叶紫柳这类人工栽培的品种，在花店即可购买。

【保存方法·材料准备】将收集到的材料捆扎起来放到通风好、背光的地方保存。大约一个月之后，材料就能够完全风干，使用之前记得将材料浸泡柔软之后再用于编织。浸泡时，在塑料的衣物包装袋中加入水，将材料放进去，为了让它们能够充分地与水接触，可以压上一些重物。细的材料浸泡5~14天即可，直径超过5mm的材料则需要在水中浸泡2~3周。浸泡期间，每天都要用手去触碰材料进行确认，如果发现水变混浊了，则需要及时换水。等到材料变软之后，用大的塑料袋或者是湿布将材料包起来静置一晚即可。这样的话，材料能够均匀地吸收水分，编织起来会更容易。

垂柳

垂柳是常见的行道树。除此之外，由于它的亲水性，在河堤上经常能够看见它的身影。垂柳的枝条细长、下垂，树干高度可达15m以上。自然掉落的垂柳枝干燥程度较好，其细长又柔软的特点使它易于编织。

立柳

作为枝条向上生长的柳树，它们群生在阳光充足的湿地以及河边。一般来说，立柳的高度不会太高。它的叶片呈细长的椭圆形，比垂柳的叶片更大、更宽。赶在柳条发芽之前采集、制作的话，就可以欣赏到柳条在花篮上发芽的情景了。

尖叶紫柳

它以人工栽培为主，根部有众多分枝，分枝细小并向正上方生长，时常被作为插花材料使用。

水杨

早春时节，水杨红色的枝条上会长出大花苞。水杨多数生长在水边，经常被用作插花的材料。它的枝条呈直立状，相对来说比较粗，且较硬。用水杨编织花篮的话，材料不需要干燥，趁着它新鲜时编织好就可以欣赏到它的花苞了。

旱柳

旱柳的特点在于它的主干呈直立状，但分枝似丝缕纷纷下垂。旱柳在中国是古老的树种。由于它枝条的样子较为特殊，所以也经常作为插花的材料使用。

会用到的工具

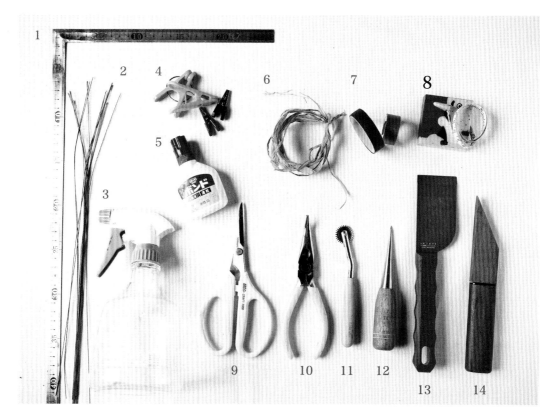

1 | **直角尺**
使用直角尺能够精准地画出直线, 比较方便。

2 | **钢丝**
在编织时, 需要短时间固定材料时使用。

3 | **喷雾瓶**
将干燥的材料打湿时使用。

4 | **晾衣夹**
在编织时, 需要短时间固定材料时使用。

5 | **胶水**
插入补芯时, 在连接处涂上胶水, 就不容易脱落了。

6 | **酒椰叶纤维**
由于酒椰叶纤维很结实, 因此可以作为卷编的材料使用。

7 | **花卉胶带、防水胶带**
花卉胶带的伸缩性很好, 用起来比较方便。用重叠法连接材料时则需使用防水胶带。

8 | **皮尺**
应选用刻度清晰、易看的皮尺。

9 | **剪刀**
修剪草或者藤蔓时使用。

10 | **钳子**
拔细草、藤蔓时, 或是在花篮边缘制作折痕时使用。

11 | **滚轮**
裁剪工具, 在树皮上做标记时使用。

12 | **锥子**
在枝条上钉入缝隙或是修整结点时使用会比较方便。

13 | **木工削刀**
削薄葛藤皮时使用。

14 | **刀**
斜切藤蔓或是采用嫁接法作业时使用。

* 除此之外, 如果有装订针、绳子、订书针、钉子就更好了。

术语说明

竖芯

指的是用作花篮骨架的芯。建议选用坚硬且有弹性的材料。竖芯长度的计算公式为花篮底部直径 + 花篮高度 ×2+ 花篮边缘收尾长度 ×2。

向上编

指的是编织花篮时，从篮底向侧面往上编织的手法。在卷编的情况下，将在花篮底部的边缘处重叠上新的编织。如果使用竖芯的话，为了不让竖芯折断，可以用钳子一类的工具一边在竖芯上压出折痕，一边向上编织。

编芯

相对于作为骨架的竖芯，编芯是用于创造造型的材料，应该选用较为柔软的材料作为编芯。

篮身反编

篮底编织完成之后要开始编花篮的侧面时，将篮底翻转过来，面朝篮底从左向右编。这种编法适用于展示花篮美观的外侧编织图案。

补芯

这是想要增加竖芯时，中途加入的芯。和竖芯一样，应选用结实的材料。事先将处理过的补芯斜切，会比较容易将其插入已经制作到一半的作品。

正编

适用于篮口较浅、一眼就能看到内部图案的花篮，编织时不用翻转篮底，直接面朝花篮内侧顺时针编织即可。

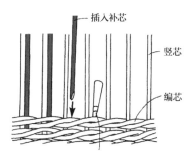

用锥子打开缝隙

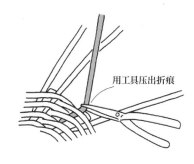

加针

卷编时，会出现针孔逐渐变大的情况，这时就需要加针了。

作为篮底的圆盘渐渐变大的话，针眼的间隔也会逐渐变大，此时需要在原有的针眼之间加针

来填补空白的针眼

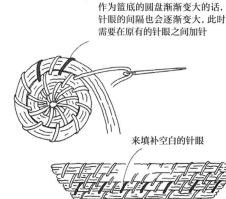

嫁接法

嫁接法是枝条、藤蔓等编芯不够长时用于补足长度的方法。为了达到嫁接之后枝条、藤蔓等粗细均匀的效果，先要削去两边的芯的接口处再进行嫁接。嫁接多根细枝条、藤蔓时，要一点一点地进行调整，直到粗细均匀时再固定。

使用枝条、藤蔓的情况

把两边的芯的接口处斜着削去5~6cm之后再嫁接

多根细材料组合嫁接的情况

要分排岔开嫁接

基础的编织方法

接下来介绍在本书中使用的有代表性的编织方法。如果在后面有不明白的地方，可以回到这一页进行查看。

【如何起头开始编织】

卷编（圆形） 用柔软的编芯缠绕住有弹力的竖芯，一点一点地推进制成花篮的圆形底部。

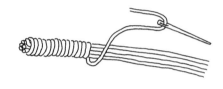

1. 将卷材固定在芯材上。

2. 保证卷材的长度足够之后将其不留缝隙地缠绕在芯材上。

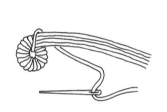

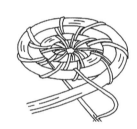

3. 将缠绕好卷材的芯材的头部卷起来。

4. 再卷一圈，从圆圈中心穿针固定，慢慢将圆形编大。

5. 将针从前一圈相对应的编材的内侧倾斜插入，朝着自己所在的方向拔出。这样就可以织成螺旋状花纹了。

卷编（椭圆形） 想要制作椭圆形花篮的话，需要先将材料弯成 U 形。

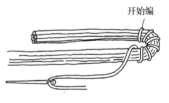

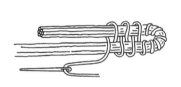

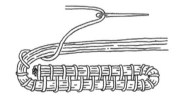

1. 将编芯的头部弯成 U 形，再用卷材将弯曲的部分缠绕起来。

2. 将编芯平直的部分采用上下交替穿针的方法用卷材将其固定住。

3. 将编芯的另一端也弯成 U 形，弯曲的部分采用与步骤 1 相同的方法缠绕住。

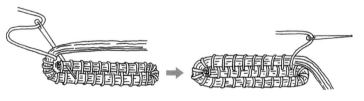

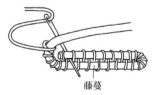

4. 再卷一圈，将针从第一圈编芯的中间部分倾斜插入，绕半圈，重复该动作即可制成椭圆形。

如果编芯是藤蔓，下针的地方则为编芯与编芯之间的空隙。

分芯 将竖芯开一个洞，把其余的竖芯插进去。这是编织结实的篮底时所用的方法。

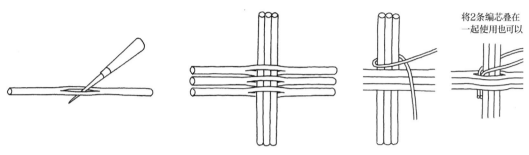

将2条编芯叠在
一起使用也可以

1. 用锥子给竖芯开一个洞再将其扩大。　2. 将其余的竖芯插入该竖芯的洞。　3. 将编芯挽成圆形挂在竖芯上。

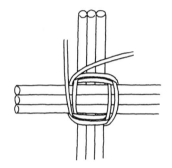

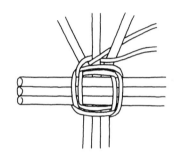

4. 将2条编芯围绕竖芯上下交
替绕圈。

5. 将竖芯分开，上下交替用编芯缠
绕竖芯。

十字编法 将竖芯摆成十字形再进行编织。在要把竖芯根数变为奇数时，需在中途剪去一根。

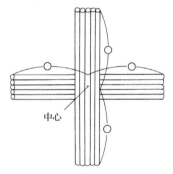

中心

柔软的编芯

中心

1. 将竖芯的中心对齐形成十字形。　2. 如图所示地缠绕上编芯。

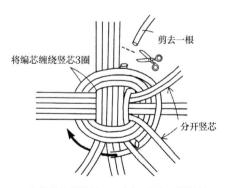

剪去一根

将编芯缠绕竖芯3圈

分开竖芯

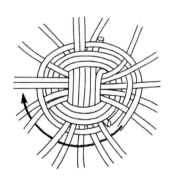

3. 将编芯绕竖芯缠2~3圈，剪去一根竖芯，
使竖芯的根数变为偶数。

4. 将竖芯以2根为一组以素编法进行编织。

井字编法　　将竖芯分为 4 组摆成井字形。井字编法是竖芯多的情况下常用的编法。

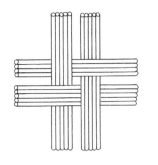

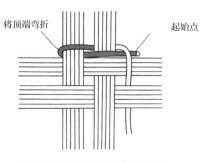

将顶端弯折　　　　　起始点

1. 将竖芯摆成井字形。

2. 如图所示将编芯缠绕在竖芯上。

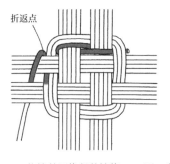

折返点

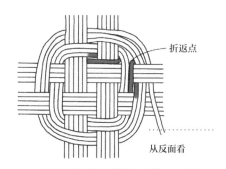

折返点

从反面看

3. 将编芯围绕竖芯缠绕 2~3 圈，在开始编织处对称的地方折返。

4. 在如图所示位置折返，缠绕 2~3 圈。

【基础编织方法】

一落编法　　将针从前一圈相对应的编材的内侧倾斜插入，朝着自己所在的方向拔出。将此编法应用于圆形编织物的话会编织成螺旋状花纹；应用于普通的编织物的话，从侧面看过去的花纹是倾斜的。

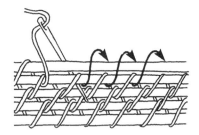

V 字形编法　　属于一落编法，花纹呈 V 字形。

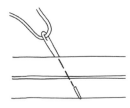

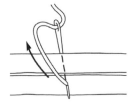

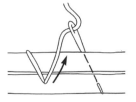

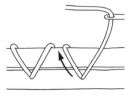

1. 将针从靠近作者的那根芯的背后穿过来。

2. 将编芯向左边倾斜，使其搭在竖芯上，再从竖芯背后和上一步骤同样的位置将针拔出。

3. 将编芯向右边倾斜，使其搭在竖芯上，这样的话就会形成 V 字形图案。

4. 重复上述步骤。

素编法　在竖芯的两面交替编织。这是最基础的编织方法之一。

基础素编法

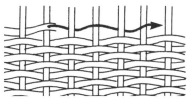

使用编芯在竖芯的两面交替编织。

追赶编法

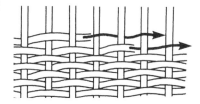

使用2根编芯，围绕竖芯一前一后进行编织。需要注意的是该编法要求竖芯总数为偶数。

飞跃素编法

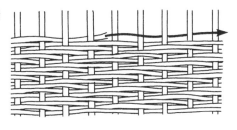

以2根竖芯为单位，使用编芯在竖芯的两面交替编织。这样就能编出流水般的花纹。

运用此编法编织圆形的编织物，会呈螺旋状花纹。

绳编法　使用编芯前后缠绕竖芯进行编织。在向上编织或者收尾编织时使用这种编法。由于使用这种编法会形成绳索状花纹，因此也会在进行装饰时使用。

双绳编法

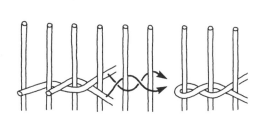

1. 将2根编芯岔开编织，在2根竖芯之间的空隙内进行交叉。或者若是使用一根编芯的话，在开头挽圈即可。

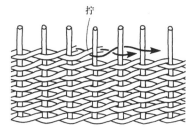

2. 重复上述步骤。

三绳编法

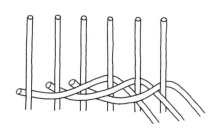

1. 将3根编芯一根一根地错开并穿入竖芯之间，每间隔2根竖芯就将面前的编芯从第三根竖芯的背后穿过去。

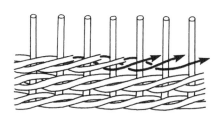

2. 使用3根编芯能够编出拧在一起的绳索状花纹。

117

乱编法 将编芯朝不同的方向缠绕在一起，边拉紧结点边调整形状。

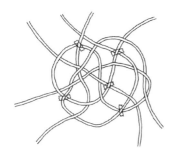

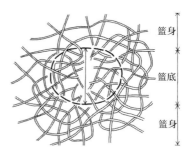

篮身

篮底

篮身

1. 将编芯朝不同的方向缠绕在一起，达到合适的花篮大小之后，将结点用胶带暂时固定起来。

2. 如果要制作篮身的话，在第一步时编织出的大小就要合适。等到大小达到预期之后再向上编织，此时需要编织得更加紧密。

四角编法 这是制作方形花篮时使用的编法。编织时注意竖芯不要倾斜。

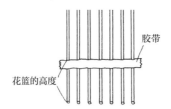

胶带

花篮的高度

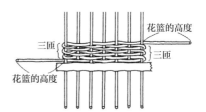

花篮的高度

三匝

三匝

花篮的高度

1. 将竖芯均匀排开，留出花篮的高度，用胶带暂时固定一下。

2. 左边留出合适花篮的高度的编芯，用素编法来回缠绕，编到累积起来的高度与竖芯间隔长度一致时停止，右边也同样留出合适花篮的高度的编芯。

拿掉胶带，再编一圈

3. 重复步骤2，直到剩下的竖芯长度与花篮的高度一致时停止。拆掉胶带，在此基础上，再用素编法在上下各增编一圈。

4. 将四周的芯向上折。

四股编法 将4根芯组合在一起编成绳状。

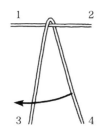

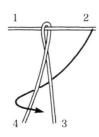

1. 如图所示，将4从3的前方穿过。

2. 将2拉到3、4后方，再从3、4中间穿过。

3. 将1拉到4、2后方，再从4、2中间穿过。

4. 将3拉到2、1后方，再从2、1中间穿过。

5. 将外侧的2根芯轮流拉到中间2根芯的后方，再从这2根芯的中间穿过，重复上述动作。

118

【装饰结编织方法】

十字网状固定法　这是在固定框架结点时使用的编织方法。这样编织既能作为装饰，也能提高作品的稳定性。

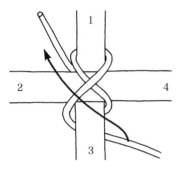 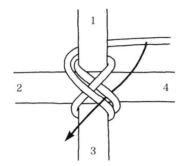 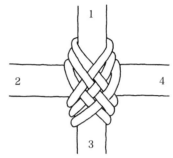

1. 将编芯从竖芯后方由右下往左上的顺序绕一圈，再从 1 的后方绕过去并拉到前面来制成一个十字。绕到 3 的后方，再拉到左斜上方。

2. 将编芯从 1 的后方绕过去并拉到前面来，从第一根编芯的下方穿过去再拉出来。

3. 编织时注意所有编芯与相邻的编芯应处于一上一下的状态。重复以上步骤直到框架稳定，收尾时记得将编芯尾部插到内侧不显眼的地方。

小升编法　此编法同样是在固定框架结点时使用的编织方法。

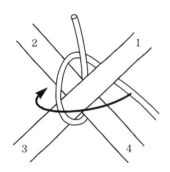 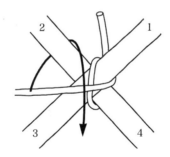 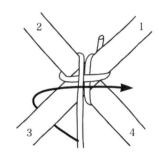

1. 将编芯从 1 的后面，从下往上绕框架一周，再从 1 后面从右往左绕，制成一个十字。

2. 将编芯从 2 的后面穿过去，再拉到前面来制成一个十字。

3. 将编芯从 3 的后面穿过去，再拉到前面来制成一个十字。

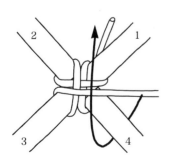 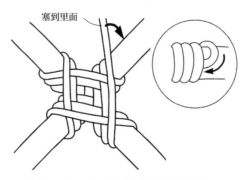

塞到里面

4. 将编芯从 4 的后面穿过去，再拉到前面来制成一个十字。

5. 重复 1~4 的步骤，最后收尾时记得将编芯尾部插入内侧不显眼的地方。

【固定方法】

卷编固定法　用卷编法收尾时，将编材缠绕起来固定。

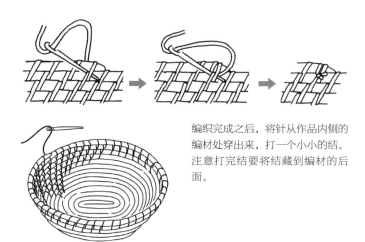

编织完成之后，将针从作品内侧的编材处穿出来，打一个小小的结。注意打完结要将结藏到编材的后面。

锁纹固定法　简单而牢固的打结方法，竖芯的长度是竖芯间距的 4~5 倍。

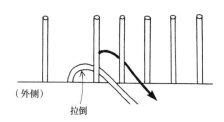

1. 将竖芯从旁边竖芯的后面穿过再拉到前面。

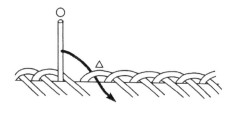

2. 将最后剩下的那根芯（○）从第一根芯（△）留下的洞眼中穿过。

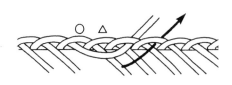

3. 编织第二圈时，以 2 根竖芯的间隔为单位，继续穿过剩下的洞眼。

4. 将最后剩下的那根芯从第一根芯留下的洞眼中穿过。多余的竖芯剪掉即可。

卷入加工法
在篮口外侧放上新的芯，用竖芯一根一根地将其卷入花篮。新增加的芯应选用与竖芯粗细一致的材料。

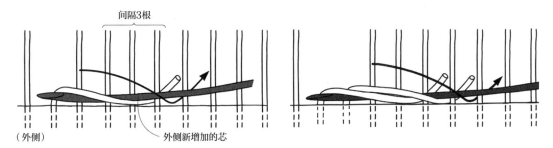

（外侧）　　　　　　外侧新增加的芯

1. 在篮口外侧放上新增加的芯，用竖芯每间隔 3 根将其卷入花篮。

2. 重复上述步骤。

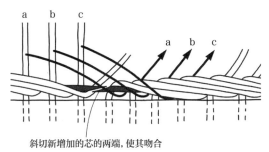

斜切新增加的芯的两端，使其吻合

3. 对新增加的芯的两端进行倾斜切割，将切割之后的部分重叠在一起。

点缀收尾法
点缀收尾法是比锁纹固定法更能稳定固定的固定方法。除此之外，用这种方法编织的芯的切口处会被隐藏起来，所以会更加美观。竖芯的长度应保留竖芯之间间隔的 7~8 倍的长度。

（外侧）

1. 参考锁纹固定法的步骤 1~3 自行编织。将最后的那根芯从第一根芯留下的洞眼中穿过去。从第三圈开始，需要间隔 2 根竖芯，将编芯从前面向竖芯后方穿过去。

2. 将最后的芯从第一根芯留下的洞眼中穿过去。并将多余的芯以旁边那根芯为基准剪去即可。

121

三组固定法（两股的三编法） 这是以2根竖芯为一个单位来进行固定的三编法。竖芯的长度应保留竖芯之间间隔的9~10倍的长度。

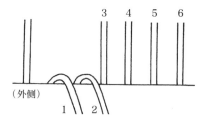

1. 将2根竖芯拉到前面。

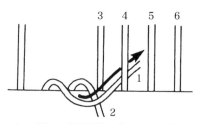

2. 将1越过2根竖芯从4的后面穿过去。

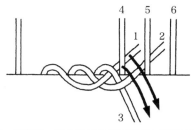

3. 拉倒3，将2越过2根竖芯从5的后面穿过去。将1和4作为一个单位，并将其拉倒。

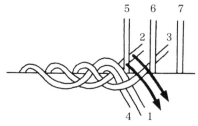

4. 使3越过2根竖芯从6的后面穿过去。将2和5作为一个单位，并将其拉倒。

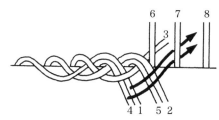

5. 将1和4同时从7后面穿过去。

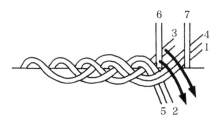

6. 将3和6作为一个单位，并将其拉倒。

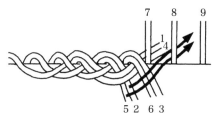

7. 将2和5同时从8后面穿过去。

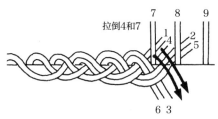

8. 保持1不动，将4和7作为一个单位，并将其拉倒。

9. 同样，保持2不动，将5和8作为一个单位，并将其拉倒。重复上述步骤直到最后只剩下一根竖芯。

10. 编完一圈之后，将最后一根竖芯按如图所示标识插入洞眼中，剪去多余竖芯即可。

三组固定法（三股的三编法） 这是以 3 根竖芯为一个单位来进行固定的三编法。竖芯的长度应保留竖芯之间间隔的 11~12 倍的长度。

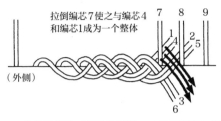

1. 参考两股的三编法的步骤 1~7 自行编织，编到能以 3 根竖芯为一个单位为止。将 1、4、7 这 3 根编芯一起拉倒。

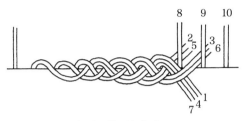

2. 将 3 和 6 一起从 9 的后方穿过。

3. 将 2、5、8 一起拉倒。

4. 将 1、4、7 从 10 的后方穿过。

5. 将 3、6、9 一起拉倒。

6. 将 2、5、8 从 11 的后方穿过。

7. 编完一圈之后将最后一根竖芯按如图所示标识从空隙中穿过，将多余的部分剪去即可。

制作方法

001 摇摆的凌风草花篮

→ 第 6 页   成品大小：直径为 28cm，高 18cm

【材料】

凌风草（长 35cm、去除叶片）……约 300 根
龙须草（长 35cm、去除叶片）……约 100 根
酒椰叶纤维（绿色）……30 克

 用凌风草进行编织时，需要将材料浸湿、用手压平之后再编织。

【制作方法】

1 将凌风草扎起来

准备好约 150 根凌风草、约 100 根龙须草混合成草束 A，并将约 150 根凌风草扎成草束 B。将草束 A 和 B 对齐并合在一起，将草束 A 从根部向左推移 8cm 之后，用酒椰叶纤维在距离草束头部 25cm 的地方缠绕 2~3 圈并固定住。将草束从酒椰叶纤维结点开始向右保留 10cm 的长度，将草束根部多余的部分剪掉。

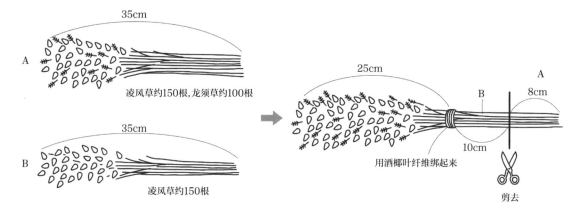

2 展开草束，使用双绳编法

将草束根部朝上，以结点为中心，使草束呈放射状散开。将草束的根部分开，与前端重叠在一起，用喷雾将材料喷湿，以约 12 根作为一小束，使用酒椰叶纤维将其编成直径为 12cm 的圆形。

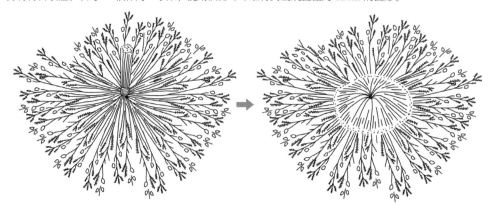

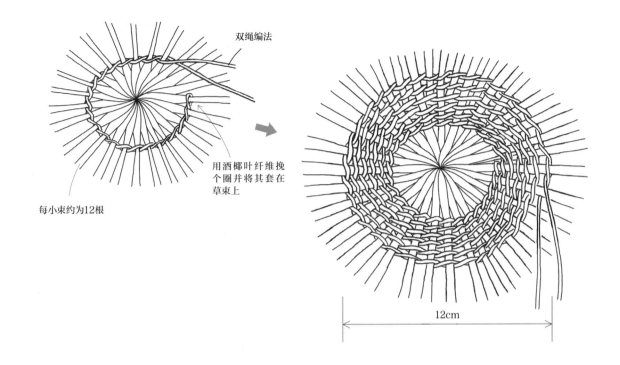

双绳编法

用酒椰叶纤维挽
个圈并将其套在
草束上

每小束约为12根

12cm

3　将底部翻过来向上编

向上编时，最初的5排使用双绳编法，每排隔2cm 慢慢向外扩张，编织成螺旋状花纹。用酒椰叶纤维在
内侧打结。第六排与第五排间隔3cm，编完一圈后，用酒椰叶纤维在外侧打结。

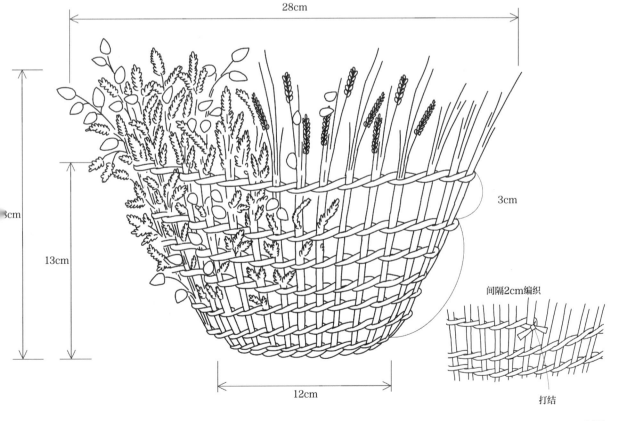

28cm

3cm

13cm

12cm

3cm

间隔2cm编织

打结

002 凌风草花篮

→ 第 8 页　　成品大小：直径为 10cm，高 15cm（包含提手高 20cm）

【材料】
凌风草……约 290 根
酒椰叶纤维（绿色）……30 克

重点　篮底使用较粗的酒椰叶纤维编织、篮身使用较细的酒椰叶纤维编织的话，成品外表看起来会比较精致，花篮也会比较结实。

【制作方法】

1 将凌风草扎起来

准备 150 根 35cm 长的凌风草、100 根 30cm 长的凌风草。将 2 束凌风草合起来，在距离根部 9cm 的地方用酒椰叶纤维紧紧捆扎起来。

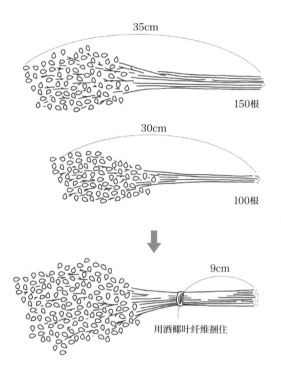

35cm

150根

30cm

100根

9cm

用酒椰叶纤维捆住

2 展开草束，使用双绳编法编织花篮底部

将草束根部朝上，以结点为中心，使草束呈放射状散开。

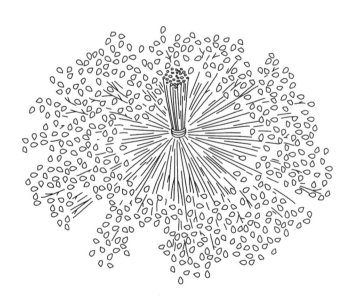

以根部为中心，将草束分成约以 10 根为一个单位的小束。使用酒椰叶纤维，用双绳编法以根部为中心，编成一个直径为 7cm 的圆形。草束的根部保留 8cm 的长度，将多余的部分切除之后用酒椰叶纤维缠绕起来。

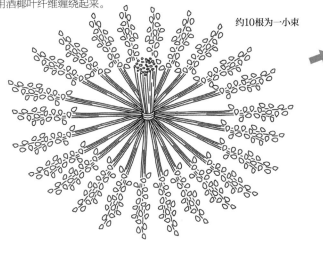

约10根为一小束

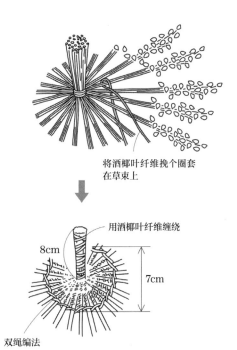

将酒椰叶纤维挽个圈套在草束上

用酒椰叶纤维缠绕

8cm

7cm

双绳编法

3 直接向上编

在草束的边缘部分喷水，以草束的根部作为花篮内侧，向上编。在竖芯里一边加入凌风草，一边采用双绳编法编至篮子高度达到 6cm 为止，再在花篮的内侧打结固定。

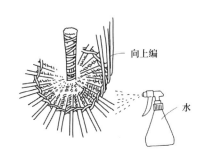

向上编

水

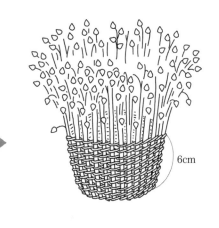

6cm

4 装上提手

提手是由约 40 根去除了穗子的凌风草以三绳编法制成的。编织时，若发现手里正在编的提手越编越细的话，就要及时添上新的材料继续编织，直到提手长度达到 32cm 为止。最后用酒椰叶纤维将其扎起来，用剪刀剪去多余部分即可。

32cm

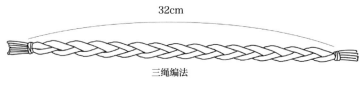

三绳编法

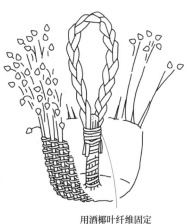

用酒椰叶纤维固定

003 凌风草手提篮

→ 第 9 页　　成品大小: 底部直径 17cm, 篮身高 4cm (包含提手高 9cm)

【材料】

凌风草 (带花穗)……约 150 根
茅草等杂草的草茎……50 克
麻绳 (粗 1mm)……长约 30m
装订针

重点 篮子底部用茅草等杂草的草茎来编织, 侧面部分则用凌风草来编织。

【制作方法】

1 从制作圆环开始

将 7~8 根杂草的草茎每根错开一点合在一起, 用穿过针孔的麻绳将其紧紧卷起来, 在草茎上缠绕 5cm。将草束卷起来, 一边从卷成的圆的中心穿过针, 一边卷草束, 慢慢扩大圆的直径。

稍稍改变长度

5cm

2 用一落编法继续编织

以 5mm 为间隔 (麻绳间的距离) 继续编织, 圆变大之后加针, 尽量保持整齐。草束不够长的话, 一点一点添上新的草束即可 (注意不要让接口过于显眼)。

针眼

5mm

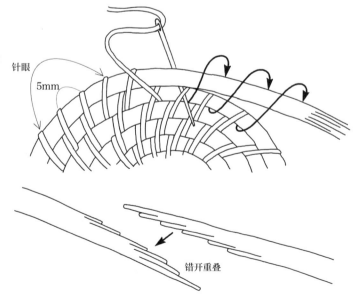

错开重叠

128

3 底面朝上，用凌风草编织篮身

将篮子底部直径编织达到 17cm 之后，将其翻过来再向上编织。将圆三等分之后，从某一点开始将带着花穗的 2~3 根凌风草横着加入，一层层地添加上去制成扇形。将花穗剩下的 1cm 部分卷起来牢牢固定住。编到约 4cm 高之后，用针从内侧收尾即可。

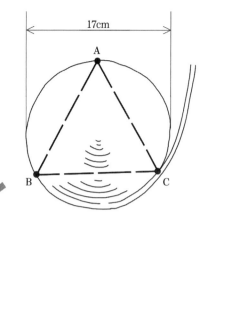

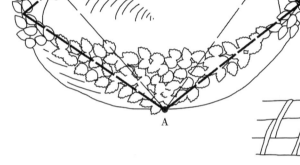

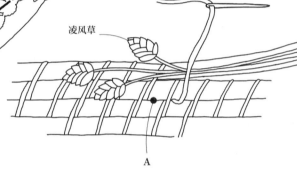

凌风草

4 加上提手

将凌风草绑成直径为 6mm 的草束，用麻绳一边卷，一边中途加入新的草束，直到长度达到 22cm 为止。再用穿有麻绳的针将提手缝到篮子内侧即可。

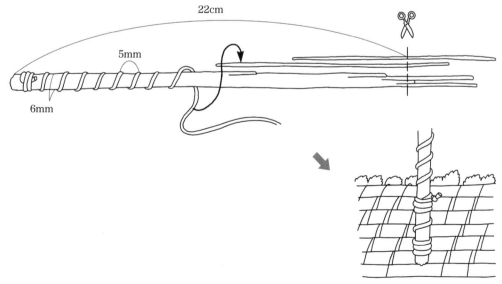

22cm

5mm

6mm

004 迷你狗尾草花篮

→ 第 10 页　成品大小：直径为 15cm，高 3cm

【材料】

狗尾草……长 20~30cm，约 150 根
知风草、黄背草……长 30~40cm，约 100 根
酒椰叶纤维……约 10 克
装订针

重点 花篮底部使用带穗子的知风草草茎和狗尾草草茎编织。花篮边缘使用带穗子的狗尾草作为装饰。

【制作方法】

1 将知风草长有穗子的那一端弯折，开始编织

拿出 2 根知风草，从距离穗子顶端 10cm 处开始弯折，用穿过针孔的酒椰叶纤维以 3mm 为间隔缠绕草茎，缠绕 5cm。将草茎卷起来，再覆上一圈草茎，用针穿过圆圈中心，将其固定好并慢慢扩大圆的直径。

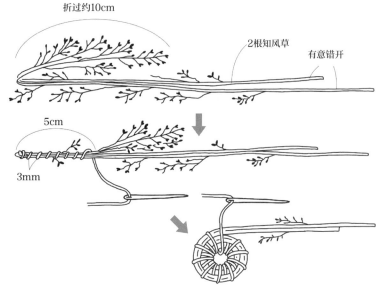

折过约10cm
2根知风草
有意错开
5cm
3mm

2 使用一落编法继续编织

加入狗尾草草茎之后，使用一落编法，间隔 1cm 左右继续编织，圆变大了之后加针，尽量保持花纹整齐。草茎不够长了的话，补上新的草茎继续编织，一直编到圆的直径达到 12cm 为止。

3 直接向上编

从内侧开始，一边向外扩张一边向上编至高度达到 3cm 为止。

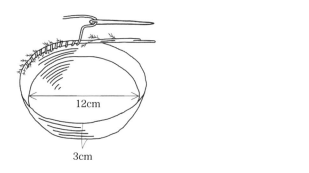

12cm
3cm

4 在边缘点缀上穗子

分别拿出 2 根狗尾草和 3 根知风草，将它们前后错开地绑在一起，从距离穗子顶部 1cm 的地方开始，将穗子用酒椰叶纤维绑在篮子边缘。编完之后，用针穿入篮子内侧进行收尾即可。

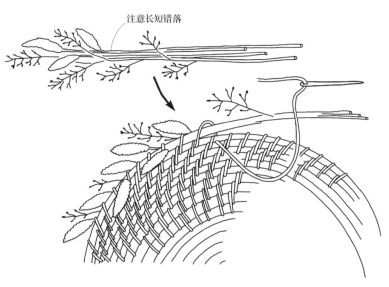

注意长短错落

005 迷你芒草花篮

→ 第 11 页　成品大小：直径为 22cm，高 3cm

【材料】

芒草……约 30 根
茅草……约 20 根
青藤（粗 3mm）……长约 1m

酒椰叶纤维（黄色）……20 克
装订针

重点 由于芒草根部较硬不好处理，所以从长有穗子的那端切长约 40cm，作为编织材料。青藤可以用木通之类的来代替。

【制作方法】

1 从青藤入手

用针将酒椰叶纤维缠绕在青藤上，缠绕 5cm，需要注意不要留缝隙。将青藤卷成圆圈之后，一边从圆圈中心穿过针，一边卷青藤，就此慢慢扩大圆的直径。

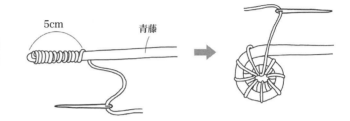

2 加入芒草穗子之后使用一落编法编织

间隔 5mm 用一落编法继续编织。青藤不够长了的话再添上新的青藤，一直编到圆形底部的直径达到 6cm 为止。编完之后斜着剪去多余的青藤。将芒草的头部与尾部交叉重叠，绑成 4~5mm 宽的草束，使用一落编法继续编织，直到芒草部分的厚度达到 3cm 为止。途中随机加入茅草进行混合编织即可。

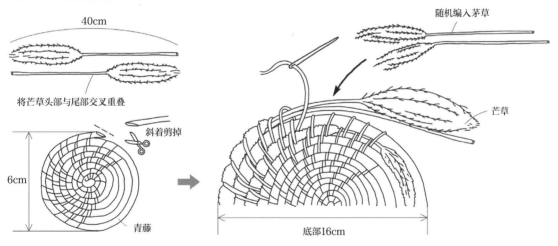

3 用 V 字形编法直接向上编织

圆形底部直径达到 16cm 之后，直接从圆形底部的内侧开始，使用 V 字形编法，编至篮身高度达到 3cm。

用 V 字形编法向上编织

4 边缘用穗子点缀

选择 3 个地方，将茅草的穗子摆到可以伸出篮子边缘的位置，穗子的两端用酒椰叶纤维来固定。编完之后，将针从篮子内侧穿出进行收尾。

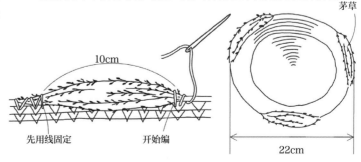

玉米皮早餐餐具组合
006 餐具垫

→ 第 12 页　成品大小：长 43cm，宽 27cm

【材料】

玉米皮（干）……约 10 张
麻绳（粗 1mm）……长 12m
红花（干）……4 大勺
胶带

重点　给玉米皮染色的步骤很有趣。这里是使用红花作为染料，不过使用洋葱皮、红茶、栀子来代替也可以。

【制作方法】

1　将玉米皮染色

将红花放入热水中，煮 4~5 分钟之后关火。将准备好的玉米皮分出一半来泡在水中，静置一晚。捞出玉米皮之后，仔细擦去玉米皮上面残留的水，将其晾干。

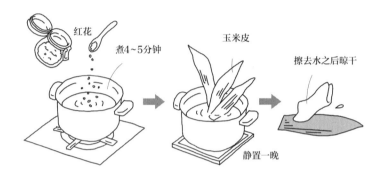

红花　煮4~5分钟　玉米皮　擦去水之后晾干

静置一晚

2　制作窄带

将晾干的玉米皮剪去两端，中间留出 2cm，将两侧的玉米皮向内折，用胶带固定住。接着制作 27cm 长的黄色窄带 17 根，43cm 长的自然色窄带 11 根。

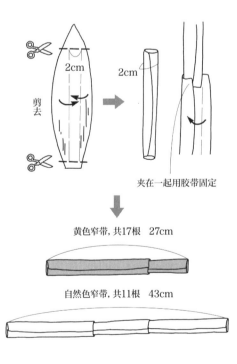

剪去　2cm　2cm

夹在一起用胶带固定

黄色窄带，共17根　27cm

自然色窄带，共11根　43cm

3　用麻绳捆绑窄带

如图将窄带上下重叠摆出造型，重叠的部分用麻绳绑成十字形并固定住。同样，11 根自然色的窄带也用此方法固定。

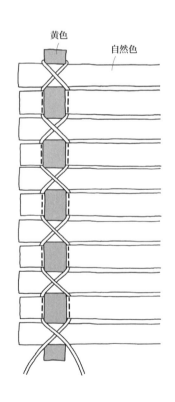

黄色　自然色

4 加入黄色窄带编织

从第二列黄色窄带开始，以同样的方法继续编织，共编入 17 根黄色窄带。

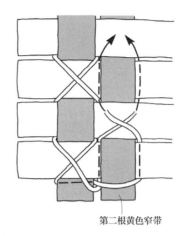

第二根黄色窄带

5 用双绳编法绕外侧编织一周

用双绳编法绕餐具垫的外侧编织一周即可。

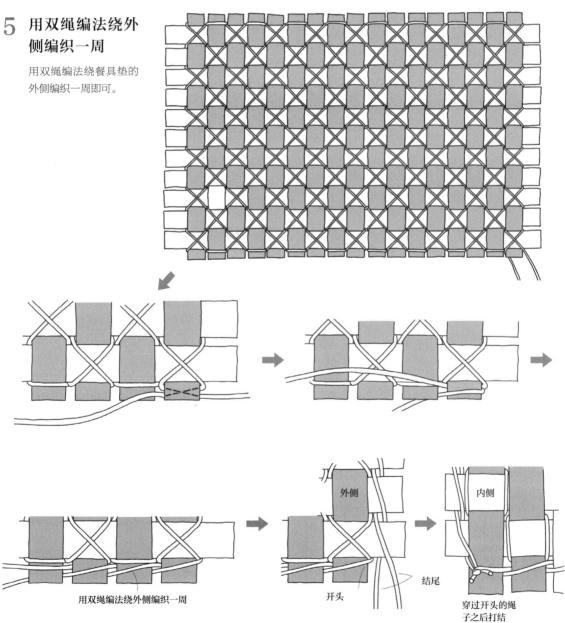

用双绳编法绕外侧编织一周

外侧

内侧

开头

结尾

穿过开头的绳子之后打结

007 吐司篮

→ 第 12 页　成品大小：长 16cm，宽 14cm，高 8.5cm

【材料】

玉米皮（干）……60 张
麻绳（粗 1mm、白色和米色）……各 3m
胶带

暂时固定材料用的绳子
晾衣夹
装订针

 重点　为了制成结实的篮子，在选材时只选取玉米外侧部分的皮。使用的窄带越多，能制成的篮子越大。

【制作方法】

1 制作窄带

剪去玉米皮两端以及两侧部分，使玉米皮的宽度为 2.5cm。用胶带连接玉米皮，制成 12 根 50cm 长的窄带。
使用同样的方法，制作 2 根长度为 60cm 的窄带。

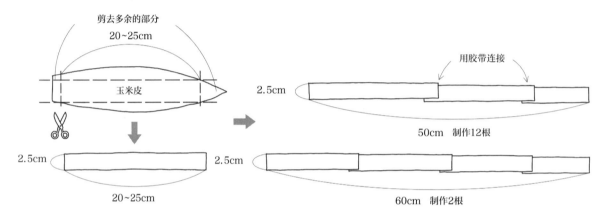

2 用窄带制作篮底

将长度为 50cm 的窄带，横竖各 6 根交叉摆放。如图，用绳子搭成十字形暂时固定住窄带，用滚轮或者铅笔将十字形绳子的 4 个点两两相连，轻轻地做上标记。

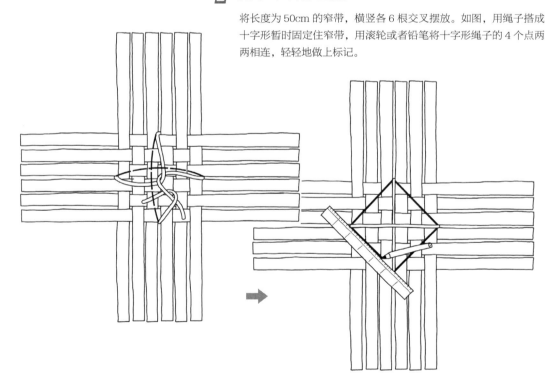

3 向上编

以步骤 2 中画的线为基准，将窄带向上折，以一角为分界点，将右边的窄带折叠到
左边的窄带上。同样，将左下角和右上角的窄带编织在一起。中途可以用晾衣夹来
暂时固定一下，这样操作起来比较方便。

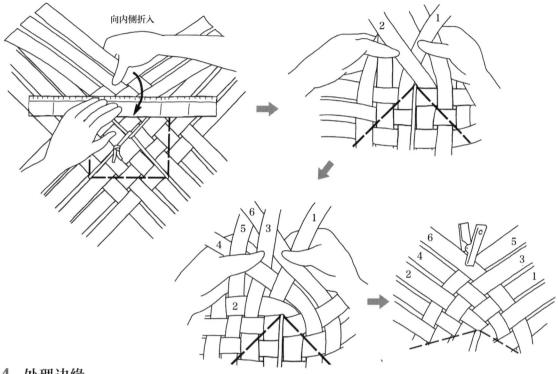

向内侧折入

4 处理边缘

将四面编织到同样的高度之后，在高 8.5cm 处剪去多余的窄带。篮子内外边缘都需要用胶
带固定。解开暂时固定窄带时使用的绳子，用 2 根绳子交叉固定，处理篮子边缘即可。

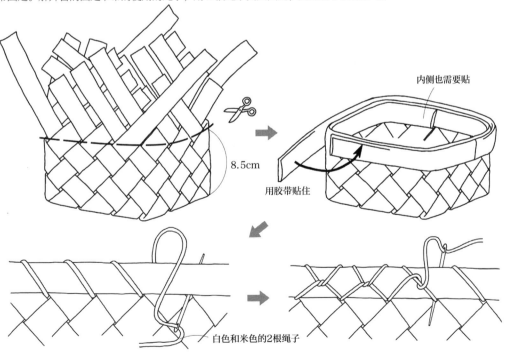

8.5cm

内侧也需要贴

用胶带贴住

白色和米色的2根绳子

008 蛋托 A

→ 第 12 页　成品大小：直径为 6cm，高 3cm

【材料】

玉米皮（干）……3 张
酒椰叶纤维（粉色）……约 2m
装订针

 重点 开始编织时使用玉米内侧柔软的皮，在给篮子做造型时再使用玉米外侧稍硬的皮。

【制作方法】

1 将玉米皮对半分开

剪去距玉米皮根部 1cm 左右的部分，再横着将其剪成两半。

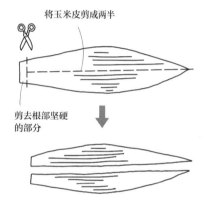

将玉米皮剪成两半

剪去根部坚硬的部分

2 卷起叶片的头部来开始编织

将玉米内侧柔软的皮从根部开始卷，卷起来的部分宽 2cm，再将其用穿过针眼的酒椰叶纤维缠绕起来，缠绕 5cm。将缠线部分卷成环状，边扭转玉米皮边将其覆盖在环上。覆盖满一圈，将针从圆环中心通过，卷大约 10 圈，从而扩大圆的直径。

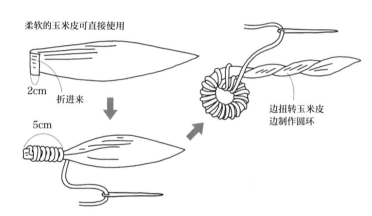

柔软的玉米皮可直接使用

2cm　折进来

5cm

边扭转玉米皮边制作圆环

3 翻过来用一落编法向上编织

将步骤 2 中制作好的材料底面朝上，用一落编法慢慢向外扩张编织。玉米皮不够的话，将新的玉米皮与上一张玉米皮扭在一起补足即可。

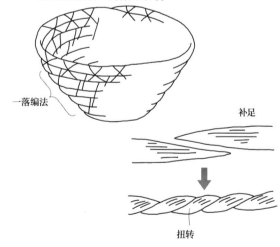

一落编法

补足

扭转

4 用酒椰叶纤维绕十字

编到篮口直径达到 6cm 为止，最后的 2 行用酒椰叶纤维绕成十字固定住。最后将针从内侧穿出，进行收尾即可。

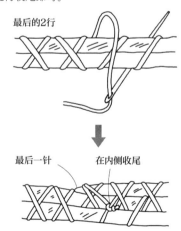

最后的2行

最后一针　　在内侧收尾

009 蛋托 B

→ 第 12 页　成品大小：底部直径为 5.5cm，高 3cm

【材料】

玉米皮（干）……3 张
酒椰叶纤维（褐色）……长约 3m
装订针

【制作方法】

1 开头步骤参照蛋托 A 的制作方法

参照蛋托 A 的制作步骤 1、2，使用一落编法编至圆形底部直径达到 5.5cm。

2 翻过来向上编织

将制作好的材料底面朝上，一边扭转玉米皮，一边用一落编法继续编织。

3 装上提手

将篮身编至 3cm 高之后，留下 4cm 长的玉米皮，将多余的部分剪去。用酒椰叶纤维斜着缠绕玉米皮制成提手之后，在内侧将其固定住。对边也做成同样大小的提手，并将其固定住。

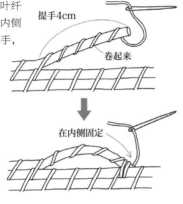

提手 4cm
卷起来
在内侧固定

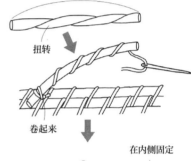

5cm
扭转
卷起来
在内侧固定

010 蛋托 C

→ 第 12 页　成品大小：底部直径 5.5cm，高 3cm（包含提手高 8cm）

【材料】

玉米皮（干）……3 张
酒椰叶纤维（绿色）……约 3m
装订针

【制作方法】

1 开头步骤参照蛋托 B 的制作方法

重复蛋托 B 的制作步骤的步骤 1 和步骤 2。

2 装上提手

将篮身编至 3cm 高之后，留下 18cm 长的玉米皮，将多余的部分剪去。用酒椰叶纤维斜着缠绕玉米皮制成提手之后，在内侧将其固定住。最后用酒椰叶纤维打个小小的蝴蝶结固定住即可。

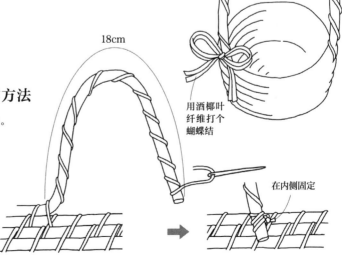

18cm
用酒椰叶纤维打个蝴蝶结
在内侧固定

011 糖罐

→ 第 12 页　成品大小：底部直径为 9cm，高 5cm

【材料】

玉米皮（干）……15 张
酒椰叶纤维……长 4m
装订针

重点　编织时要保持玉米皮一直处于扭转状态。

【制作方法】

1　将玉米皮分成两半

剪去距玉米皮根部约 1cm 的部分，之后将其竖着分成两半。

2　卷成圆环开始编织

将玉米皮的根部卷起来，卷起 2cm 的长度，再将其用穿过针眼的酒椰叶纤维缠绕起来，缠绕 5cm。其卷成环状，再卷一圈，将针从圆环中心通过，卷上大约 12 圈。

3　用一落编法继续编织

一边扭转玉米皮，一边用一落编法编织，使圆环的直径达到 9cm。

4　翻过来向上编

将制作好的材料底面朝下，向上编至篮身高度达到 5cm 为止。

5　在两侧装上提手

编织到最后时，留一段玉米皮制成的编芯不要编入篮子，用酒椰叶纤维斜着将这部分缠绕 6cm 左右的长度，制成提手并固定在篮子边缘。对边也用同样的方法制成提手。编完之后将针从内侧穿出，收尾即可。

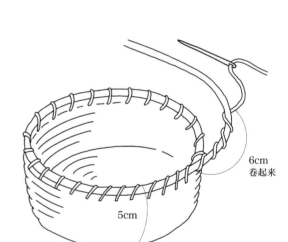

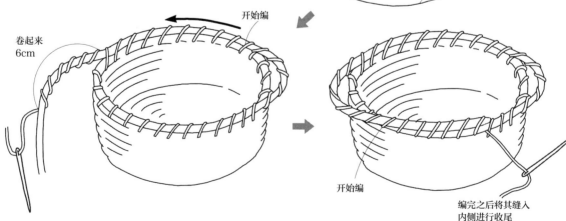

012 "万能" 玉米花篮

→ 第14页　成品大小：直径为25cm，高15cm

【材料】

玉米皮（干）……10 张
麻绳（粗 5mm）……长约 7m
酒椰叶纤维……100 克

布（宽 4mm）……长 4m
装订针

重点　玉米"万能"花篮是用玉米皮和麻绳卷编而成的深口篮子。在玉米皮中间随意编入的布会成为亮眼的点缀。

【制作方法】

1 卷成圆环开始编织

将柔软的玉米皮的头部卷起来，再将其用穿过针眼的酒椰叶纤维缠绕起来，缠绕5cm。将玉米皮扭在一起卷成环状，再卷一圈时，将针从圆环的中心穿过，卷上 4~5 圈，扩大圆环的直径。

2 用一落编法继续编织

一边扭转玉米皮，一边用一落编法编织，使圆环的直径达到20cm。材料不够的话就补上新的玉米皮。

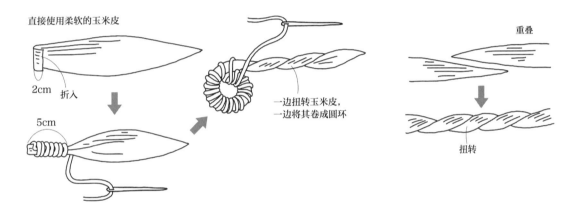

直接使用柔软的玉米皮
2cm　折入
5cm
一边扭转玉米皮，一边将其卷成圆环
重叠
扭转

3 翻过来向上编

将制作好的材料底面朝上，用一落编法继续慢慢向外扩张编织。中途可以在玉米皮中间加入布或者麻绳之类的材料进行点缀。

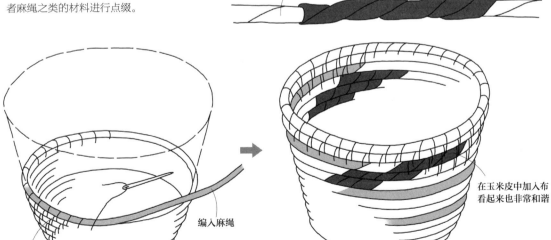

玉米皮
卷布
编入麻绳
一落编法
在玉米皮中加入布看起来也非常和谐

013 柠檬草、珠光香青花篮

→ 第 15 页　成品大小：篮底直径为 21cm，宽 18cm，高 8cm

【材料】

柠檬草（干）……约 200 根
珠光香青……约 40 根
酒椰叶纤维（粉色）……约 5 克
装订针

重点　柠檬草经过阳光照射干燥之后会变成漂亮的粉色。此时选择使用粉色的酒椰叶纤维能营造出一种和谐的氛围。

【制作方法】

1 编成 U 字形

拿出 5~6 根柠檬草，将其头部和尾部交叉重叠。将粗细调整一致，将柠檬草从距头部 3cm 的位置弯折。

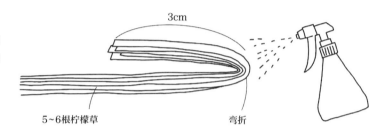

3cm

5~6根柠檬草　　弯折

将酒椰叶纤维穿过针眼，在柠檬草弯折的部分上下交替缠绕上酒椰叶纤维。

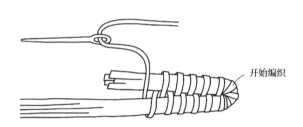

开始编织

一边用喷雾喷湿柠檬草，一边继续将草束弯折成 U 字形，将针从中间的缝隙穿过，每隔 2mm 缠绕半圈。

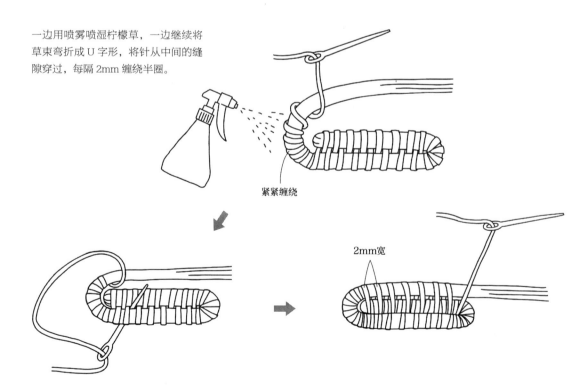

紧紧缠绕

2mm宽

2 使用一落编法继续编织

在编织的过程中，如果针眼逐渐变大则可以加针，以此保持纹路的整齐。

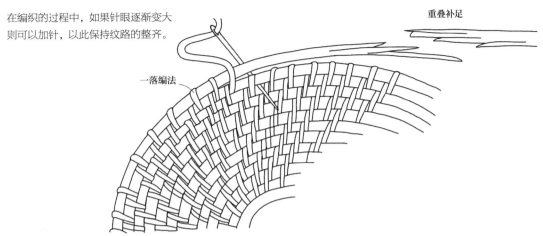

重叠补足

一落编法

3 翻过来向上编

一边补上新的草茎，一边编织，直到篮子的直径达到 15cm 为止。将篮子底面朝下继续向上编织，编织的过程中慢慢向外扩张编织，篮身高度达到 8cm 时即可停止编织。

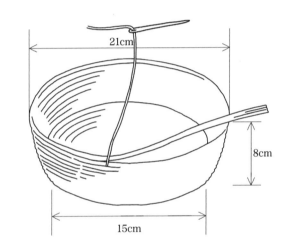

21cm

8cm

15cm

4 加入珠光香青

珠光香青的草茎保留5~6cm，将多余的部分剪去，花朵部分用手整理，待其散开后将其放到篮子边缘，再用酒椰叶纤维将其编入篮子。编织完成之后，将针从内侧穿出收尾即可。

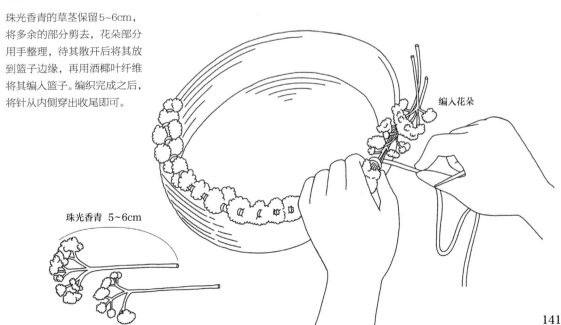

编入花朵

珠光香青 5~6cm

014 柠檬草面包篮

→ 第 16 页　成品大小：篮底直径为 21cm，宽 15cm，高 5cm

【材料】

柠檬草（干）……约 80 根
迷迭香（长约 30cm）……6 根
酒椰叶纤维（绿色）……50 克
装订针

重点　由于柠檬草面包篮是浅口篮，因此为了让针眼看起来漂亮一些，要边观察内侧的纹路边编出 V 字形花纹。

【制作方法】

1 编成 U 字形

拿出 7~8 根柠檬草，将其头部和尾部交叉重叠。将粗细调整一致，将柠檬草从距头部 10cm 的位置弯折。将酒椰叶纤维穿过针眼，在柠檬草弯折的部分上下交替缠绕酒椰叶纤维。将柠檬草弯成 U 字形的部分缠绕 6 圈酒椰叶纤维。

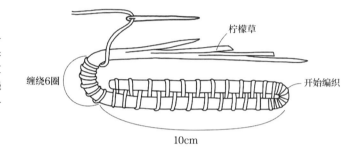

柠檬草
缠绕6圈
开始编织
10cm

2 编织 V 字形花纹

从第二圈开始，将针从前一圈草茎的中心穿出来，为了编成 V 字形花纹，需要 2 次都将针从同一处穿出来。弯曲的部分每处都需要编出 5 个 V 字形花纹。草茎不足的话即时补充即可，编织时可以随机加入迷迭香进行点缀。

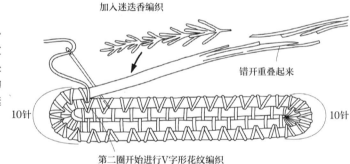

加入迷迭香编织
错开重叠起来
10针
10针
第二圈开始进行V字形花纹编织

3 用 V 字形花纹编法向上编

从内侧开始，编至手中的椭圆形半成品的规格达到长 13cm，宽 8cm 为止。编织篮身部分时，使用 V 字形编法，一边慢慢向外扩张编织，一边加针。

从内侧穿出进行收尾

一根一根地剪掉

4 收尾

编至篮身高度达到 5cm 之后，为了不使收尾的部分太过唐突，需要一边一根一根地剪掉多余的柠檬草，一边继续编织。编完之后将针从内侧穿出进行收尾即可。

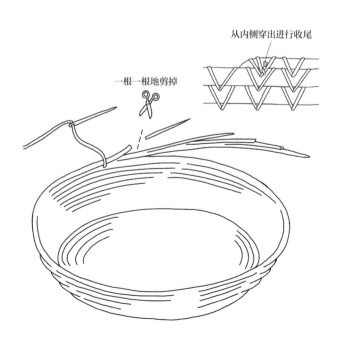

015 柠檬草茶壶垫

→ 第 17 页　成品大小：直径为 13cm

【材料】

柠檬草（干）……约 25 克
酒椰叶纤维……约 10 克
蕾丝（宽 3cm）……90cm
叶片装饰（宽 1cm）……边缘用长 42cm 的叶片装饰，穗子用长 8cm
的叶片装饰
装订针
绳子

重点 在柠檬草茶壶垫上放上热热的茶壶之后，茶壶垫会散发出悠悠的香气。茶壶垫的编织使用的是较为简单的一落编法。

【制作方法】

1 卷成圆环开始编织

拿出 5~6 根柠檬草，将其头尾交叉重叠，将它们的粗细调整一致，用针将酒椰叶纤维从草束头部开始，缠绕 3cm。将草束再卷一圈，将针从中心部分穿过，使草束紧紧缠绕上酒椰叶纤维（参考第 144 页步骤 1）。

2 使用一落编法继续编织

编至篮底直径达到 10cm 为止。编完之后，将针从内侧穿出进行收尾。

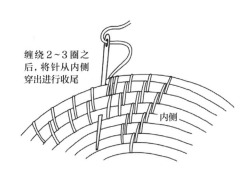

缠绕 2~3 圈之后，将针从内侧穿出进行收尾

内侧

3 在边缘点缀上蕾丝

将蕾丝堆起褶皱然后缝在距离篮子边缘 1cm 处。在蕾丝的孔洞处缝上叶片装饰。充当穗子的叶片装饰，在对折之后缝在篮子的内侧即可。

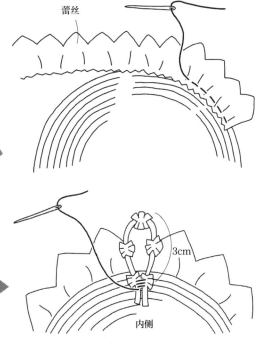

蕾丝

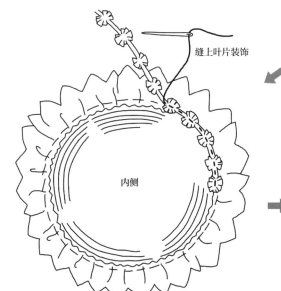

缝上叶片装饰

内侧

内侧

3cm

016 柠檬草杂草花篮

→ 第 18 页　成品大小：直径为 25cm，高 6cm

【材料】

柠檬草（干）……100 克　　　　虞美人果实……30 个
龙须草……100 克　　　　　　　酒椰叶纤维（绿色）……30 克
飘拂草（去除叶片）……约 60 根　装订针
白辣蓼（去除叶片）……约 30 根

重点　在早春时节，提前收集禾本科植物晾干的话，就可以用一落编法很简单地将它们编织起来。

【制作方法】

1 卷成圆环开始编织

拿出 5~6 根柠檬草，将其头部和尾部交叉重叠，将它们的粗细调整一致，将穿过针眼的酒椰叶纤维从草束头部开始，缠绕 3cm。将草束再卷一圈，将针从中心部分穿过，使草束紧紧缠绕上酒椰叶纤维。

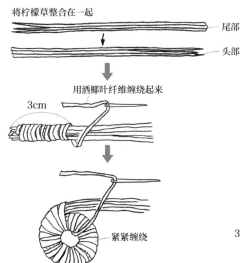

将柠檬草整合在一起

尾部
头部

用酒椰叶纤维缠绕起来

3cm

紧紧缠绕

2 用一落编法继续编织

编至直径达到 5cm 之后，将制作好的材料底面翻过来再向上编织。以 1cm 为间隔继续编织，纹路空隙变大了的话可以加针，记得要保持花纹间隔的一致性。一边慢慢向外扩张编织，一边编至圆盘直径达到 14cm 为止。

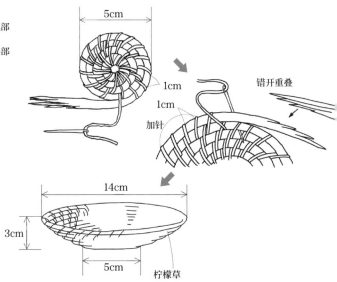

5cm

1cm
1cm
加针

错开重叠

14cm
3cm
5cm
柠檬草

3 用龙须草继续编织

将 6~7 根去掉穗子的龙须草的头部和尾部交叉重叠，待粗细调整一致之后，在之前柠檬草的基础上继续编织，直至篮子直径达到 23cm，高度达到 5cm 为止。

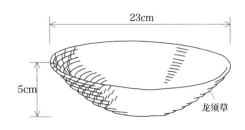

23cm
5cm
龙须草

4 加入花朵和果实

剪下约 10cm 长的飘拂草、白辣蓼和 7cm 长的虞美人果实，将其错开搭在篮子的外侧边缘，再用酒椰叶纤维缠绕，将其固定在篮子上。编织完成之后，将针穿入篮子内侧进行收尾即可。

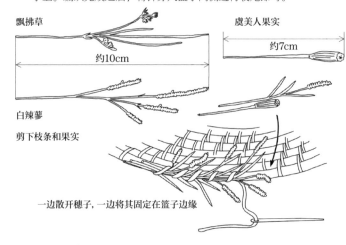

飘拂草　　　　　　　　　虞美人果实
约10cm　　　　　　　约7cm
白辣蓼
剪下枝条和果实

一边散开穗子，一边将其固定在篮子边缘

017 柠檬草杂草杯套

→ 第 18 页 成品大小：直径为 6.5cm，高 6cm

【材料】

柠檬草（干）……100 克
龙须草……约 30 根
白辣蓼……约 10 根

酒椰叶纤维（黄色）……10 克
装订针

 重点 应在白辣蓼开花之前完成采摘工作。草茎也可以一起使用。

【制作方法】

1 卷成圆环开始编织

拿出 5~6 根柠檬草，将其头尾交叉重叠，将它们的粗细调整一致，将穿过针孔的酒椰叶纤维从草束头部开始，缠绕 4cm。将草束再卷一圈，将针从中心部分穿过，使草束紧紧缠绕上酒椰叶纤维。

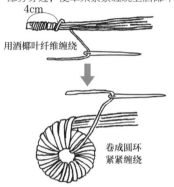

4cm

用酒椰叶纤维缠绕

卷成圆环
紧紧缠绕

2 用一落编法继续编织

编至圆形底部的直径达到 6cm 之后，将其底面翻过来再向上编织 3cm。

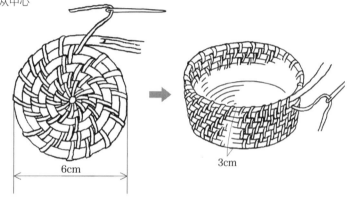

6cm

3cm

3 加入龙须草

将 5~6 根剪去穗子的龙须草用喷雾喷湿，待其变柔软之后将其扎成一束，搭在编好的柠檬草上面，再用一落编法编织 4 圈。

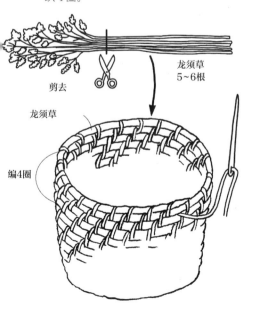

剪去

龙须草
5~6 根

龙须草

编4圈

4 装饰篮边

将剪短到 7~8cm 的白辣蓼和龙须草的穗子错开搭在篮边上，搭 2 层。再放上柠檬草，用一落编法编织 2 圈。

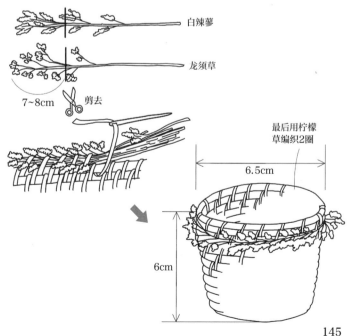

白辣蓼

龙须草

7~8cm 剪去

最后用柠檬草编织2圈

6.5cm

6cm

145

018 柠檬草虞美人果实杯套

→ 第 18 页　成品大小：直径为 7cm，高 10cm

【材料】

柠檬草（干）
　竖芯……长 30cm，7 根
　补芯……长 12cm，14 根
　编芯……100 克

麻绳（粗 1.5mm）……长 5m
虞美人果实……14 个

重点 如果选择较硬且结实的柠檬草草茎作为竖芯，制作出来的作品就不容易变形。

【制作方法】

1 从十字编法开始

拿出 3 根和 4 根竖芯编十字形，麻绳保留 2m，将其绕到竖芯上，绕 2 圈。将竖芯一根一根地分开，用双绳编法编至篮底直径达到 5.5cm 为止。

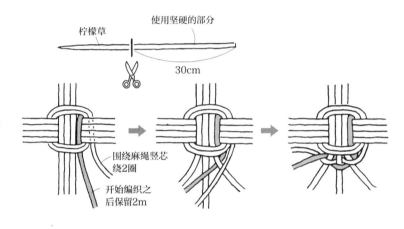

柠檬草　　使用坚硬的部分
30cm

围绕麻绳竖芯绕2圈
开始编织之后保留2m

2 翻过来向上编

将制作好的材料底面朝上并向上编，直到篮身高度达到 1cm 为止。将麻绳在内侧固定打结。

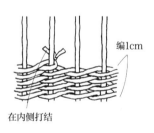

编1cm
在内侧打结

3 插入补芯

将补芯以 2 根为一个单位，插入竖芯留下的缝隙里。将柠檬草的编芯以双绳编法编织，编至篮身高度达到 4cm 即可停止，在此基础上用麻绳编织 2 圈。期间随机编入绿色的柠檬草，编至篮身高度达到 9cm 为止。

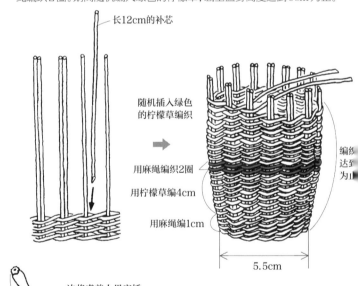

长12cm的补芯

随机插入绿色的柠檬草编织

用麻绳编织2圈
用柠檬草编4cm
用麻绳编1cm

编织达到为止

5.5cm

4 加入虞美人果实

将剪至 4cm 长的虞美人果实从外侧插入篮子的缝隙，再用双绳编法用麻绳编织一圈。编织完成之后编进内侧并打结。

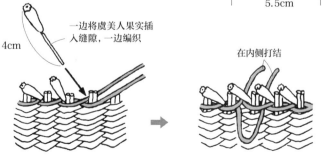

一边将虞美人果实插入缝隙，一边编织
4cm
在内侧打结

019 迷迭香奶酪盘

→ 第 20 页　成品大小：直径为 18cm，高 3cm

【材料】

迷迭香……长 60cm，3 根
薄荷……长 10cm，8 根
百里香……长 10cm，10 根

麻绳（粗 5mm）……长约 9m
酒椰叶纤维……30 克
装订针

重点　使用的迷迭香应该选择新鲜的。百里香和薄荷无论干湿皆可使用，但如果是干的，则要先用喷雾喷湿之后再使用。

【制作方法】

1 将麻绳卷成圆环

将麻绳卷成直径为 1cm 的圆环之后再卷一圈，将穿过针眼的酒椰叶纤维穿过中心的空隙再缠绕 7~8 圈。

2 用一落编法继续编织

编至圆盘直径达到 5cm 为止。

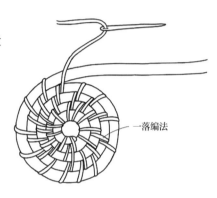

一落编法

3 加入香草

随机加入迷迭香、薄荷、百里香，用同样的手法继续编织。待圆盘变大之后加针，将花纹的间隔调整至 1~1.2cm。

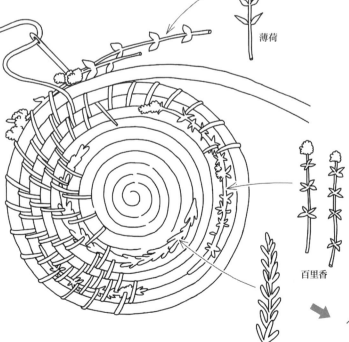

薄荷

百里香

迷迭香

4 直接向上编织

待圆盘的直径达到 18cm 之后，直接从内侧开始向上编织，期间同样随机加入香草编织。编至高度达到 3cm 之后，将针从内侧穿出收尾即可。

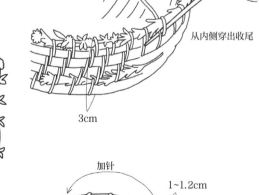

从内侧穿出收尾

3cm

加针

1~1.2cm

020 迷迭香杯垫

→ 第 21 页　成品大小：直径为 9cm

【材料】

迷迭香……长约 30cm，1 根
麻绳（粗 3mm、黄色）……长 1.6m
麻绳（粗 1.5mm、灰色）……长 3m
麻绳（粗 1.5mm、藏青色）……长 3m

麻绳（粗 1.5mm、蓝色）
……长 2m
装订针

 重点　制作这种杯垫的乐趣在于用到的麻绳色彩不一。如果再制作得大一些的话，它也可以作为茶壶垫。

【制作方法】

1 将麻绳卷成圆环

将灰色和藏青色的麻绳穿过针眼之后，用黄色的麻绳从草茎头部开始紧紧缠绕 4cm 的长度。将麻绳卷成圆环之后，一边用麻绳穿过圆环中心缠绕，一边再卷一圈。

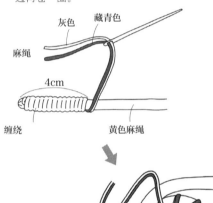

灰色　藏青色
麻绳
4cm
缠绕　黄色麻绳

3 加入迷迭香

将迷迭香枝条和黄色的麻绳一起编织，编完之后在内侧收尾。将 3 根黄色的麻绳穿过缝隙，打上蝴蝶结。

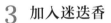

加入迷迭香枝条卷起来

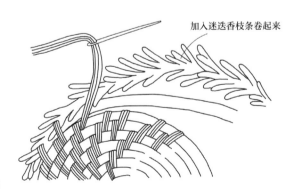

2 用一落编法继续编织

编至圆盘直径达到 5cm 为止。加入 3 根不同颜色的麻绳，将 3 根麻绳一起编织，直到圆盘直径达到 8cm 为止。

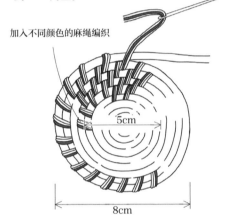

加入不同颜色的麻绳编织
5cm
8cm

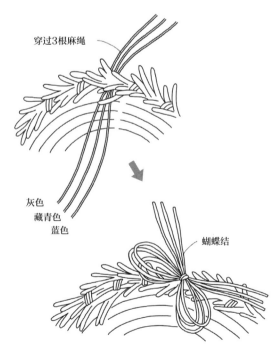

穿过 3 根麻绳

灰色
藏青色
蓝色

蝴蝶结

021 迷你迷迭香花篮

→ 第 22 页　成品大小：直径为 15cm，高 10cm（包含提手高 20cm）

【材料】

迷迭香……长 50cm，16 根
棕榈绳……长 1.5m
麻绳（粗 1~2mm、黄色）……长 1.5m
钢丝（直径 2.6mm）

 重点　迷迭香具有和藤蔓一样的柔韧性好、容易操作的特点。

【制作方法】

1 组合枝条

将 4 根迷迭香摆成米字形。

2 用双绳编法编织篮底

将棕榈绳和麻绳用双绳编法固定在迷迭香上。编织期间，篮身缝隙变大的话就插入补芯，编至篮底直径达到 15cm 为止。

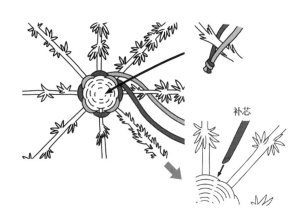

补芯

3 向上编织

粗略地向上编织至篮身高度达到 10cm 为止。在篮子两侧保留 2 根作为提手使用的较长的竖芯，将剩下的竖芯插入篮身空隙中固定住。

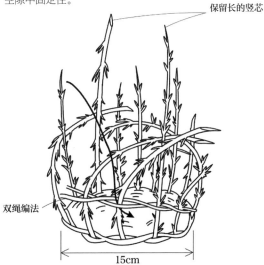

保留长的竖芯

双绳编法

15cm

4 装上提手

将剩下的 2 根竖芯用钢丝来固定，为了遮挡钢丝，最后用棕榈绳和麻绳将其缠绕起来。

用钢丝来固定

022 薰衣草花篮

→ 第23页　成品大小：直径为 13cm，高 13cm（包含提手高 30cm）

【材料】

薰衣草（干）……约 200 根	胶带
丝带（宽 5mm）……长约 7m	针
钢丝（直径 2.2mm）……8 根	线
钢丝（直径 2.6mm）……2 根	橡皮筋
花卉胶带	

重点　插在花篮中的花可以选择草茎结实的薰衣草。除了薰衣草以外，也可以选择其他美丽的花朵。

【制作方法】

1 将 5 根薰衣草绑成一束

将 5 根薰衣草作为一束，在紧挨着花朵的下方用线轻轻地打个结，用喷雾将其喷湿之后弯折草茎。重复以上步骤制作 19 个同样的花束。

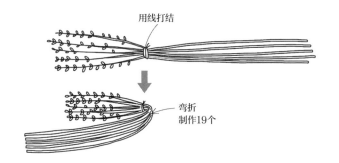

用线打结

弯折
制作19个

2 制成花篮的形状用丝带连接

将 19 个花束聚在一起，花朵的部分用橡皮筋轻轻固定。将丝带穿入花篮内部，用素编法编织。一边慢慢向外编织扩大花篮，一边向上编织至篮身高度达到 10cm 为止，编到篮口位置时，将丝带藏入花篮内侧，用线固定住。

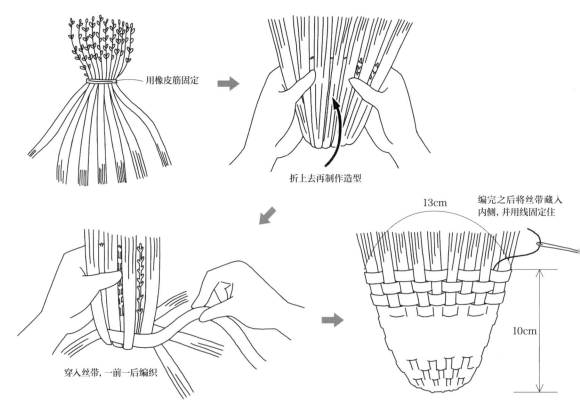

用橡皮筋固定

折上去再制作造型

穿入丝带，一前一后编织

13cm

编完之后将丝带藏入内侧，并用线固定住

10cm

3　用钢丝制作提手

将 2 根钢丝用花卉胶带绑在一起，不够长的话应即时补足，使其长度为 30cm，在此基础之上缠绕上丝带。以同样的方法制作第二根，将缠绕上丝带的 2 根铁丝扭在一起就成了提手。将提手插入花篮内侧的缝隙处，再用钢丝固定住即可。

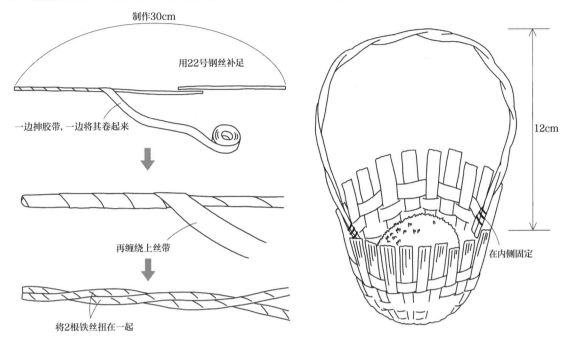

制作30cm

用22号钢丝补足

一边抻胶带，一边将其卷起来

再缠绕上丝带

将2根铁丝扭在一起

12cm

在内侧固定

4　装饰花篮

截取 70cm 的丝带，一边制作褶皱，一边将其缝在篮子边缘。将篮子边缘的草茎用剪刀修剪整齐，在提手和篮身相连的部分打上小小的蝴蝶结。将剩下的薰衣草草茎用胶带固定在花篮内即可。

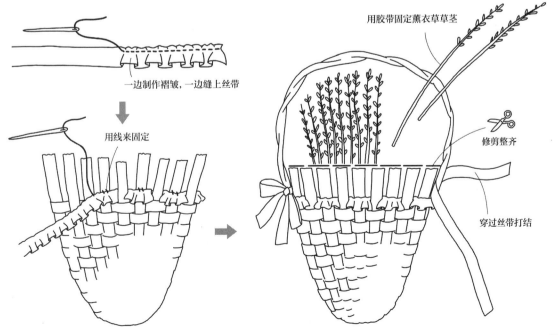

一边制作褶皱，一边缝上丝带

用线来固定

用胶带固定薰衣草草茎

修剪整齐

穿过丝带打结

023 薰衣草挂件

→ 第 23 页　成品大小: 宽 4cm, 高 17cm

【材料】

薰衣草……约 50 根
丝带(宽 8mm)……长约 1.2m
线

橡皮筋
针

重点　在制作薰衣草挂件时使用新鲜薰衣草的话, 草茎比较不容易折断。如果使用干花, 则应先将草茎在温水中浸泡再编织会比较便于制作。

【制作方法】

1 将薰衣草绑成一束

将 5 根薰衣草作为一组, 在距离花束顶部 11cm 处用线轻轻地打个结, 结下方的草茎保留 7cm, 将多余的部分剪去重复以上步骤制作 7 组同样的花束。再拿出 3 根薰衣草, 将其作为一组, 在距离花束尾部 18cm 处用线轻轻地打个结, 结下方保留 7cm, 将多余的部分剪去, 将处理好的花束弯折起来, 重复以上步骤制作 4 组同样的花束。

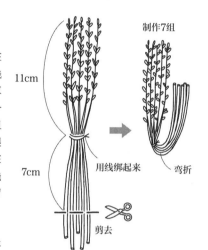

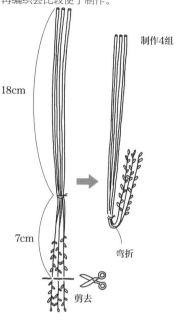

2 将花束整合起来再用丝带绑住

保持 3 组短花束在前, 4 组短花束在后, 再将长花束分为 2 组摆到两边, 用橡皮筋固定住。将丝带穿入草茎内侧, 用素编法将花束编织到一起, 挂件高度编至 6cm 即可。编到挂件最上方部分, 将丝带穿入草茎内侧, 用线固定住。

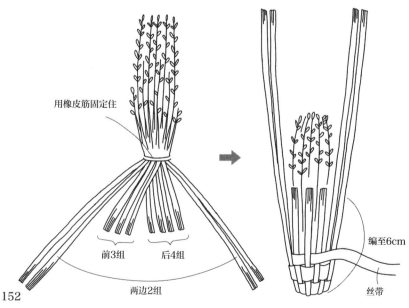

3 将两侧的长草茎合并在一起

将 2 条长草茎合并在一起, 将丝带系在草茎上距篮底 15cm 处。将边缘的草茎修剪整齐, 将剩下的薰衣草插入即可。

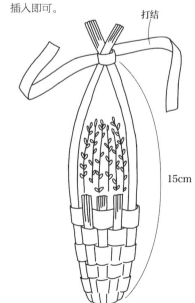

024 木通面包筐

→ 第24页　成品大小：直径为22cm，高3cm

【材料】

木通

| 框架（粗5mm）……长70cm，1根 | 纸板（直径为30cm的圆形纸板） |
| 编芯（粗2~5mm）……100克 | 胶带 |

重点　用乱编法编织时要让编芯在各个方向交叉编织。编织得越密，相应地，篮子的厚度也会增加。

【制作方法】

1 将藤蔓放在纸板上

将5~6根稍长的编芯不规则地交叉摆放在纸板上，连接点用胶带暂时固定住。

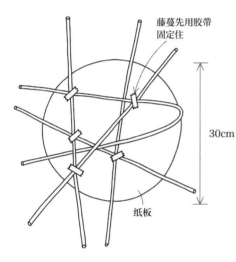

藤蔓先用胶带固定住

30cm

纸板

2 采用乱编法

一边加入新的藤蔓，一边依照纸板的大小将其用乱编法和已经固定好的藤蔓编织到一起。调整好整体的形状之后拿走纸板，一边用手按压篮子，一边"塑造"出篮子的深度。预留出大约10根长藤蔓在篮子外面。

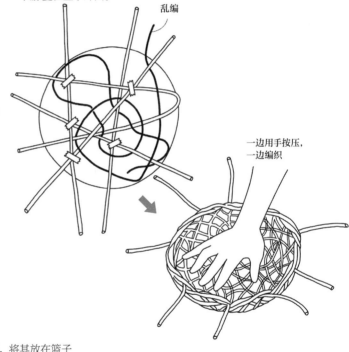

乱编

一边用手按压，一边编织

3 制作框架、篮口收尾

将制作框架用的木通围成直径为22cm的圆环，将其放在篮子上，用事先预留出来的藤蔓将圆环框架用卷编法固定在篮口。在此基础上，再添加上稍细一些的编芯缠绕成十字形即可。

将木通制成圆环

22cm

缠绕成十字形

用留在外面的藤蔓卷编

025 木通茶壶垫

→ 第 26 页　成品大小: 直径为 14cm

【材料】

木通

竖芯（粗约 2~3mm）……长 50cm，12 根

编芯……50 克

 重点 由于边缘用三绳编法来收尾，所以竖芯需要选择没有结点、有弹力的材料。同时，应尽量选择粗细一致的材料来制作。

【制作方法】

1 从井字编法开始

以 3 根竖芯为一组摆放成井字形，再用编芯将其缠绕 3 圈。从竖芯上方折返，反方向再缠绕 3 圈。

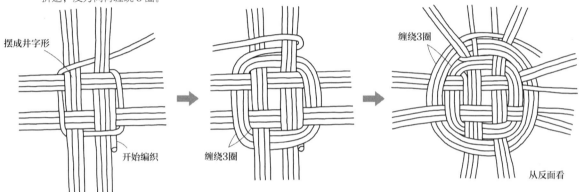

摆成井字形

开始编织

缠绕3圈

缠绕3圈

从反面看

2 采用素编法继续编织

将竖芯分开，以 2 根为一个单位，再用编芯缠绕一圈，将最后的一根竖芯剪去，使竖芯数量成为奇数。用飞跃素编法编织 5 匝，再用素编法将圆盘的直径编至 12cm。

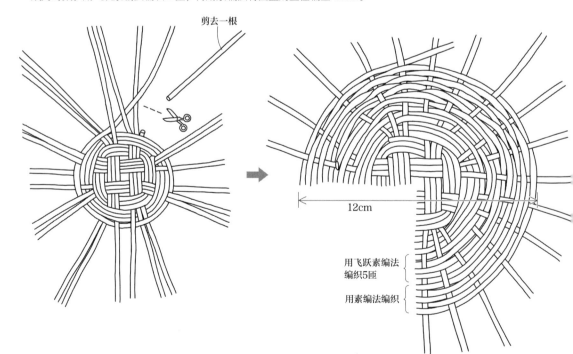

剪去一根

12cm

用飞跃素编法
编织5匝

用素编法编织

3 用三组固定法（两股的三编法）来收尾

将竖芯打湿，用坚硬的工具在竖芯边缘压出折痕，再用两股的三编法来进行固定。将多余的竖芯剪去即可。

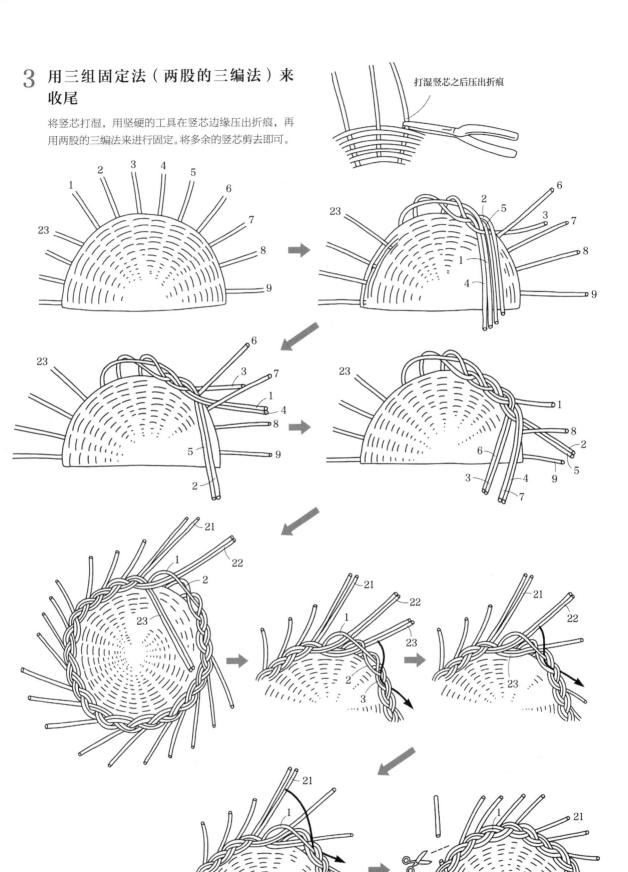

打湿竖芯之后压出折痕

026 迷你木通托盘

→ 第 28 页　成品大小：长 23cm，宽 14cm，高 3cm

【材料】

木通

| 竖芯（粗 2~3mm）……长 67cm，6 根
| 编芯（粗 2~3mm）……130 克
| 提手（粗 2~3mm）……长 60cm，4 根

胶带

重点 先选择制作提手的藤蔓。为了编出整齐好看的纹路，应尽量选择粗细一致的藤蔓。

【制作方法】

1 用四角编法编织

将 6 根竖芯分别间隔 2.5cm 摆放，在距离其中一端 22cm 的地方用胶带固定住。将编芯向左拉出 22cm，用素编法继续编织。缠绕 4 匝之后，右边保留 22cm，剪去多余的编芯。去除胶带之后，上下各取一根编芯，使用素编法将其编入其中，每条编芯左右都各保留 22cm，将多余的编芯剪去即可。重复上述步骤 7 次。

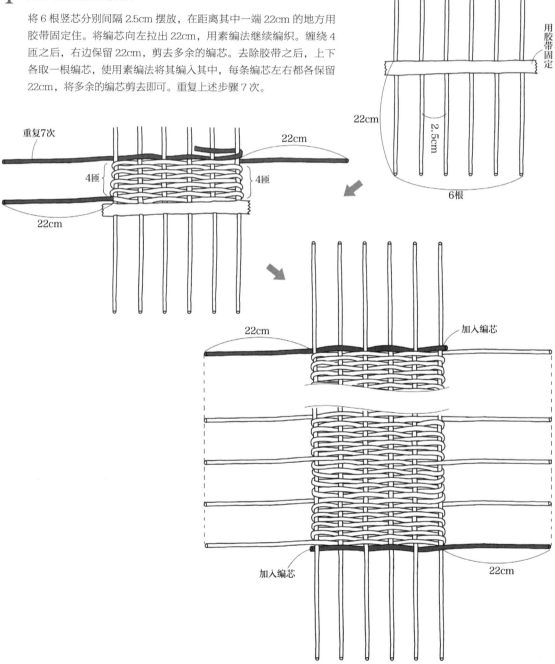

156

2 用三组固定法（三股的三编法）来修整篮边

将竖芯打湿，用坚硬的工具在竖芯边缘压出折痕，再用三股的三编法往自己所在的方向编织。将多余的竖芯剪去即可。

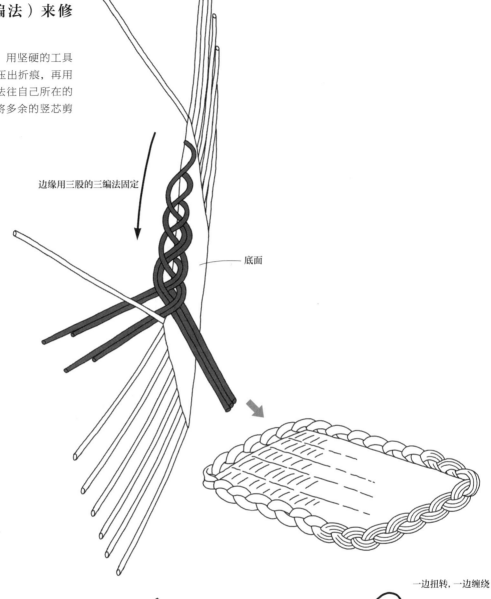

边缘用三股的三编法固定

底面

3 装上提手

编织提手用的藤蔓以2根为一组，如图将其从用三股的三编法制好的篮口的缝隙穿过。一边扭转提手，一边在间隔6cm处将另一侧提手插入篮口，将穿出的藤蔓扭在刚刚的提手上，再插回左边的缝隙处。对边以同样的方法再制作一个提手。将多余的藤蔓剪去即可。

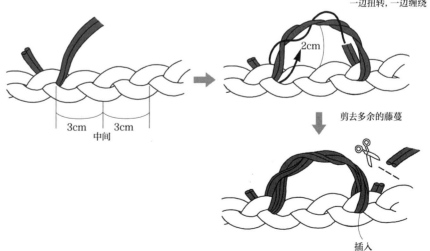

3cm 3cm
中间

一边扭转，一边缠绕

2cm

剪去多余的藤蔓

插入

027 木通托盘

→ 第 29 页　成品大小：长 33cm，宽 23cm，高 4cm

【材料】

木通
| 竖芯（粗 2~3cm）······长 70cm，13 根
| 编芯（粗 2~3cm）······200 克
胶带

重点 注意编织时不要使竖芯弯折。折返编织时，一定要注意不要将竖芯误编入篮子内侧。

【制作方法】

1 用四角编法编织

将 13 根竖芯分别间隔 2.5cm 摆放，在距离其中一端 25cm 的地方用胶带固定住。将编芯向左拉出 25cm，用素编法继续编织。缠绕 3 圈之后，将右边编芯保留 25cm，剪去多余的编芯。累积编约 20cm（10 根横着的编芯）。去除胶带之后，上下各取一根编芯使用素编法将其编入其中，每根编芯左右都各保留 25cm，将多余的编芯剪去即可。

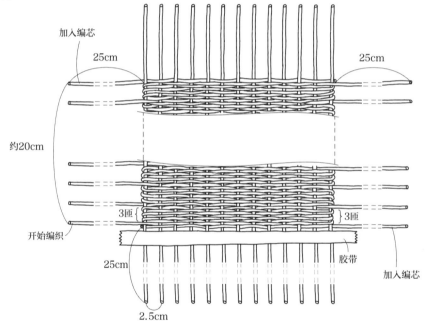

2 向上编

拿出 3 根编芯，用三绳编法将其缠绕篮子一圈。用坚硬的工具在竖芯边缘压出折痕，直接向上编织，剪去 3 根编芯中的一根，再用双绳编法将其缠绕一圈。

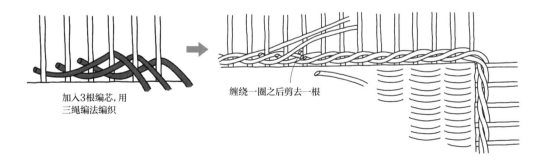

加入 3 根编芯，用
三绳编法编织

缠绕一圈之后剪去一根

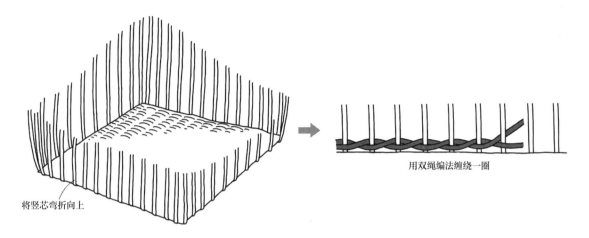

将竖芯弯折向上

用双绳编法缠绕一圈

3 编织侧面

用追赶编法将用双绳编法编织的 2 根编芯编
至篮身高度达到 4cm 为止。编芯长度不够
的话，在篮子内侧补上新的编芯即可。

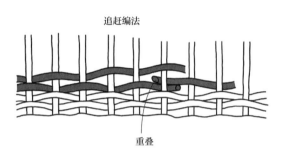

追赶编法

重叠

4 用锁纹固定法固定

将竖芯边缘打湿，用锁纹固定法固定。

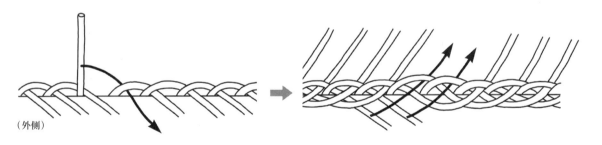

（外侧）

5 点缀收尾

从内侧伸出的编芯以 3 根为一组，将各编芯依次越过 2 根编芯插入篮子边缘。编完一圈之
后将多余的编芯剪去即可。

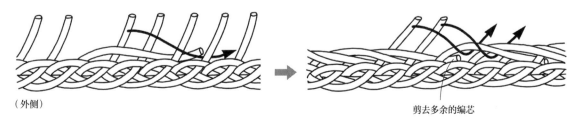

（外侧）

剪去多余的编芯

028 流木木通托盘

→ 第 30 页　成品大小：长 35cm，宽 25cm

【材料】
流木……1 根
木通
| 编芯（粗 2~3mm）……约 100 克

 重点　除了使用流木，直接将藤蔓搭在枝条上编织也可以。

【制作方法】

1 制作平面（一为制作用于编织的平面框架，一为用编芯将框架填满）

如图所示，从 A 往 B、从 C 往 D 分别将编芯挽个小圈套在枝条上，一边扭转，一边制作出 2 个可以编织的平面（按照流木的走势制作编织平面）。

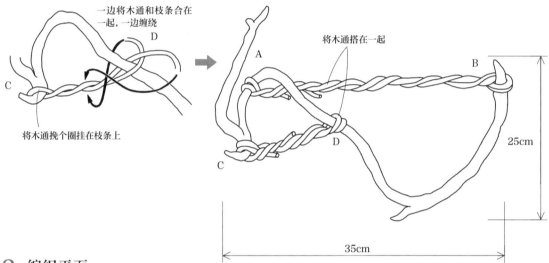

一边将木通和枝条合在一起，一边缠绕

将木通挽个圈挂在枝条上

将木通搭在一起

25cm

35cm

2 编织平面

对 ACD 这一平面使用乱编法将编芯缠绕在流木或木通上，另一面也同样用乱编法编织。

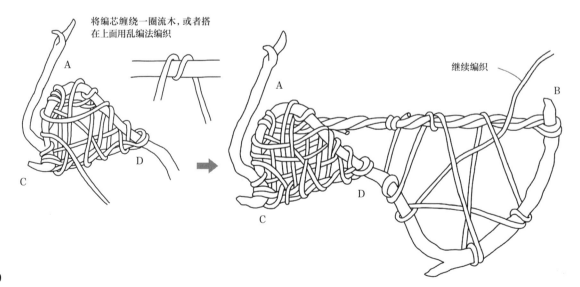

将编芯缠绕一圈流木，或者搭在上面用乱编法编织

继续编织

029 木通水果篮

→ 第 32 页　成品大小：直径 24cm、高 32cm

【材料】

木通
编芯（粗 2~3mm）……300 克
边缘（粗 4~5mm）……约 80cm

酒椰叶纤维……约 100 克
装订针

重点 由于木通容易裂开，所以要选择较粗且结实的酒椰叶纤维进行卷编，针脚也要编织得密一些。用于制作篮子边缘的木通事先也要充分地用水浸湿才行。

【制作方法】

1 挽个圈开始编织

选择较细且柔软的木通，用针将酒椰叶纤维从前端开始缠绕木通，紧紧缠绕 5cm。将其卷成圆环之后再卷一圈，将针从圆环中心穿过之后继续卷，慢慢扩大圆盘直径。

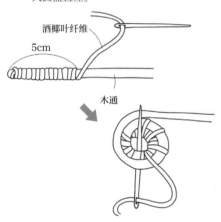

酒椰叶纤维
5cm

木通

2 用一落编法继续编织

继续编织，圆盘变大了之后加针，尽量将花纹的间隔调整一致。木通长度不够的话，补上即可。

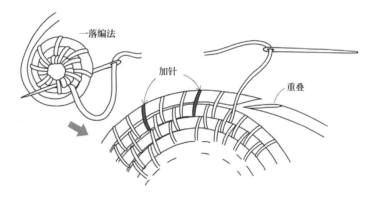

一落编法

加针

重叠

3 翻转过来向上编织

编到圆盘直径达到 20cm 之后，将底面翻转过来接着向上、向外慢慢扩张编织，直到篮身高度达到 10cm 为止。

4 用稍粗的芯制作边缘

将用于制作篮子边缘的木通削皮，随机将其中间弯曲抬高，再将其与篮子接触的部分用酒椰叶纤维固定住。编织完之后，将针穿入篮子内侧收尾即可。

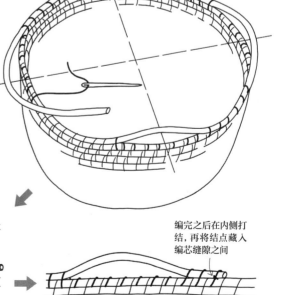

随机将篮子边缘制成山包形状

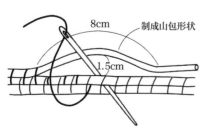

8cm
制成山包形状
1.5cm

编完之后在内侧打结，再将结点藏入编芯缝隙之间

030 木通花篮

→ 第 34 页 成品大小：长 25cm，宽 20cm，高 13cm（包含提手高 25cm）

【材料】

木通

竖芯（粗 3mm）……长 55cm，16 根
编芯（粗 2~3mm）……约 300 克

葛藤

框架（粗 6mm）…长 1.75m，2 根

青藤（粗 4mm，小升编法使用）……
长 1.5m

钢丝（粗 2.6mm）

最好选择较细且柔软的木通作为采用三绳编法时的材料。编得稍微松散一些的话，成品看上去会很漂亮。青藤也可以用木通来代替。

【制作方法】

1 制作框架

将制作框架用的葛藤上下交替扭在一起制成一个尺寸为宽 20cm，长 25cm 的椭圆形圆环。用同样的方法再制作一个圆环，在如图所示的位置用钢丝将连接点固定在一起。

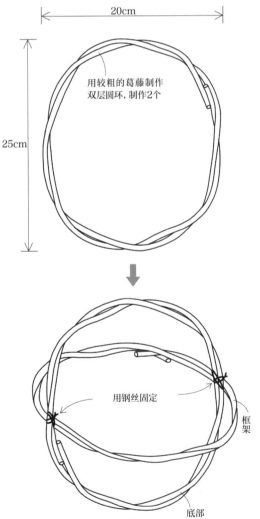

2 将竖芯暂时固定在框架上

以框架底部为中心，将左右各 8 根竖芯分别排列开，拿出编芯用双绳编法将竖芯暂时固定住。

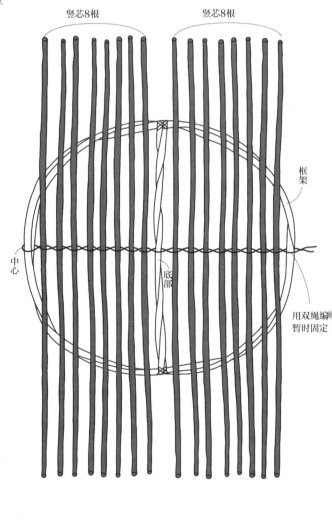

3 用三股绳索进行素编

将较细的 3 根编芯用三绳编法
编织成绳。从框架底部中心开
始，用编织好的绳索向上方和
下方以素编法各编 6cm。

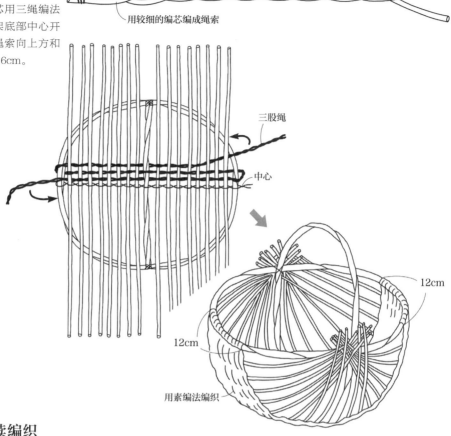

用钢丝暂时固定

用较细的编芯编成绳索

三股绳

中心

12cm

12cm

用素编法编织

4 做出弧度继续编织

顺着框架的走势，一边缩小竖芯的间隔，一边调整出弧度，折
返着用编芯再编 4 匝。若竖芯间隔缩小以致编芯难以穿过的话，
则以 2 根竖芯为单位继续编织，编织到最后剪去其中一半的编
芯。编至篮口处为止，剪去多余的编芯。

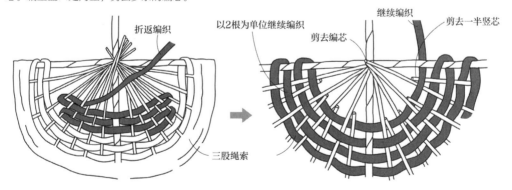

折返编织

以2根为单位继续编织

剪去编芯

继续编织

剪去一半竖芯

三股绳索

5 采用小升编法

为了隐藏剪去竖芯所留下的断面，用青藤在提手根处打小升结。
最后去除用来固定框架上的竖芯的双绳即可。

用青藤打小升结

031 承重版木通花篮

→ 第 35 页　成品大小：直径为 35cm，高 15cm

【材料】

木通
| 编芯（粗 2~4mm）……500 克
葛藤
| 框架（粗 10mm）……长 1.3m

纸板（直径为 23cm 的圆形纸板）
钢丝（直径为 2.6mm）
胶带

重点　这是采用乱编法制成的稍大且深的篮子。用这种方法进行编织的话比较容易将篮子修整为圆形。

【制作方法】

1 将长编芯缠绕在一起进行编织

将 4 根长 1.2m 的编芯不规则地交叉摆放在纸板上，暂时用胶带将连接点固定住。

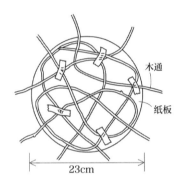

木通

纸板

23cm

2 根据花篮底部的大小调整编法

一边加入藤蔓，一边将圆盘的直径编至 33cm 为止。修整好形状之后，分出 10 根较长的编芯，拿掉纸板。

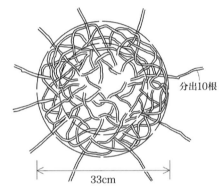

分出10根

33cm

3 向上编

使篮底直径为 23cm，将留在圆盘外部的长编芯拉向上方，从而增加篮子深度。一边加入新的编芯并用乱编法制作篮身，一边调整篮子形状。

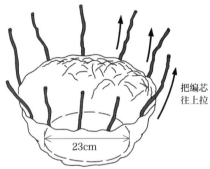

把编芯往上拉

23cm

4 固定篮口

编至篮身高度达到 13cm 之后，将篮子外部的长编芯插入篮子内侧固定住。

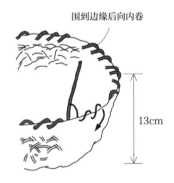

围到边缘后向内卷

13cm

5 装上框架

将编织框架使用的葛藤放在篮口，随机将连接点用钢丝固定，在这之上用细细的木通将钢丝包裹起来。

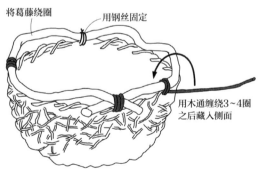

将葛藤绕圈　　用钢丝固定

用木通缠绕3~4圈之后藏入侧面

032 心形木通花篮

→ 第36页　成品大小：长20cm，宽15cm，高10cm

【材料】

木通

竖芯（粗2~3mm）……长60cm，6根

补芯（粗2~3cm）……长25cm，12根

编芯（粗1~2mm）……80克

重点　由于成品是小篮子，所以事先要准备较细的木通。特别是刚开始用双绳编法编织的阶段要选用较细且柔软的材料。

【制作方法】

1 以十字编法开始编织

将6根竖芯分成3根为一组，并摆放成十字形，用较细且柔软的编芯挽个圈挂在竖芯上并缠绕2圈。接着，反方向缠绕2圈。

开始编织

2 用双绳编法向上编织来制作底部

用双绳编法向上编织2~3圈。为了编出线条平整的篮子，向上编织时要用手轻轻按压，慢慢向外扩张编至篮身高度达到3cm为止，将编芯从内侧穿出收尾。

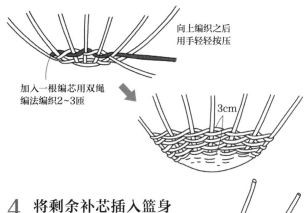

向上编织之后用手轻轻按压

加入一根编芯用双绳编法编织2~3匝

3cm

3 加入补芯，用镂空编织

在竖芯之间插入补芯。每行间隔1.5cm，用双绳编法编4匝，再将编芯从内侧穿出固定。

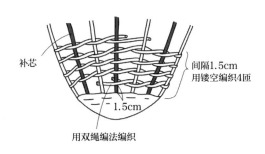

补芯

间隔1.5cm用镂空编织4匝

1.5cm

用双绳编法编织

4 将剩余补芯插入篮身

将竖芯和补芯制成山包状插入篮身另一面。

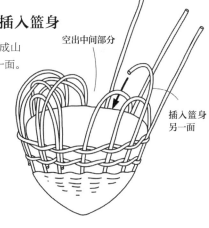

空出中间部分

插入篮身另一面

5 制作垂下的小环

按照个人喜好，编织长度合适的小圆环，将其安在篮子后方中间的位置。再制作直径为4cm的圆环，用细细的木通将其固定在篮子前方中间的位置。

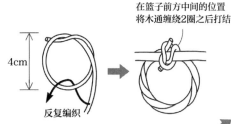

4cm

反复编织

在篮子前方中间的位置将木通缠绕2圈之后打结

穿过圆环

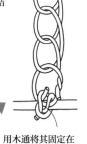

用木通将其固定在篮子后方中间的位置

033 木通钵罩

→ 第 37 页　成品大小：直径为 19cm，高 16cm

【材料】

木通
竖芯（粗 2~3mm）……长 60cm，8 根
补芯（粗 2~3cm）……长 30cm，15 根
编芯（粗 1~2mm）……200 克

迷迭香（藤蔓状）……长约 4m

重点　尽量选择新鲜的迷迭香，这样它的装饰效果会更好。在使用干花的情况下，一边用喷雾将其喷湿，一边编织的话比较容易处理。

【制作方法】

1 摆成十字形用飞跃素编法编织

将 8 根竖芯分成 4 根一组，将其摆放成十字形，用编芯挽个圈挂在竖芯上缠绕 2 圈。将竖芯分为 2 根一组在之前摆好的十字形上缠绕一圈，剪去最后的一根竖芯使竖芯的数量变为奇数。用飞跃素编法编至底部直径达到 8cm 为止，再将竖芯一根一根用素编法编至底部直径达到 14cm。

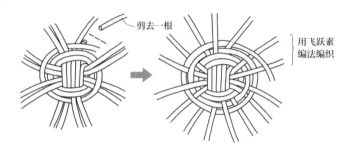

剪去一根

用飞跃素编法编织

2 插入补芯继续编织

将补芯插入竖芯旁边，加入一根编芯，用双绳编法缠绕一圈。

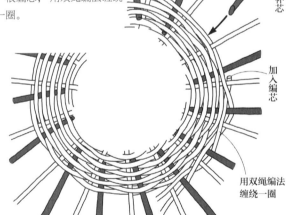

插入补芯

加入编芯

用双绳编法缠绕一圈

3 分开竖芯向上编织

将篮子底部翻转过来，用坚硬的工具给竖芯的边缘部分压出折痕，再从内侧向上编织。将竖芯一根一根地分开，用双绳编法缠绕一圈。

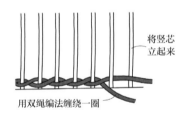

将竖芯立起来

用双绳编法缠绕一圈

4 加入迷迭香来编织篮身

将双绳的其中一根放在竖芯的外侧，再用另一根缠绕住刚刚放在竖芯外侧的编芯。从与第一圈编芯间隔 1.5cm 处开始继续平行编织，用素编法随机编入迷迭香。

5 使用锁纹固定法

用锁纹固定法编至篮身高度达到 16cm 为止。

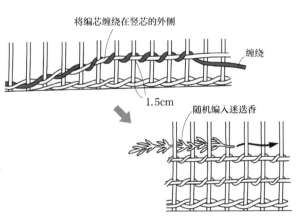

将编芯缠绕在竖芯的外侧

缠绕

1.5cm

随机编入迷迭香

034 无底野葡萄藤钵罩

→ 第38页　成品大小：直径为30cm，高20cm

【材料】

野葡萄藤
竖芯（粗4~6mm）……长
20cm，8根；15cm，27根
编芯（粗3~4mm）……4m

木通
编芯（粗3mm）……长约40cm
胶带

重点 将野葡萄藤在水中浸泡4~5天，挏直之后再使用。由于制作的是无底的钵罩，所以要根据钵的大小来调整竖芯的根数。

【制作方法】

1 用胶带固定竖芯

拿出15cm长的竖芯，在距竖芯根部10cm处套上用木通挽的圈，用胶带固定住竖芯的根部。

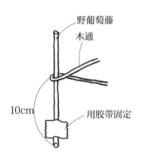

野葡萄藤
木通
10cm
用胶带固定

2 将竖芯首尾相接地摆在一起

在原有的竖芯中随机混入20cm长的竖芯，将所有竖芯分别间隔1.8~2cm排列，使其连接起来的长度能够达到65cm为止。用胶带简单固定住竖芯，再用双绳编法将其固定。去除胶带之后，将竖芯立起来围成圆形。

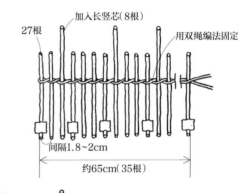

27根
加入长竖芯（8根）
用双绳编法固定
间隔1.8~2cm
约65cm（35根）

3 将双绳推至下方

将双绳推至距离底部2cm的地方。

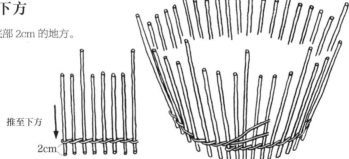

推至下方
2cm

4 变换编芯慢慢扩大直径

直接使用木通以双绳编法编织4cm。将编芯换为野葡萄藤，用素编法编织3cm；将编芯换为木通，用素编法编织3cm，用双绳编法编织2cm，期间慢慢向外扩张篮身进行编织。更换编芯时，需在篮子内侧剪断编芯。编织完之后，将编芯穿入篮子内侧收尾即可。

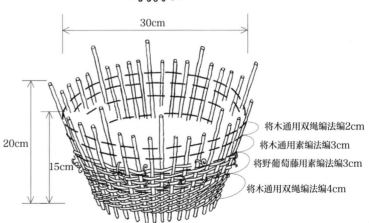

30cm
20cm
15cm
将木通用双绳编法编2cm
将木通用素编法编3cm
将野葡萄藤用素编法编3cm
将木通用双绳编法编4cm

035 野葡萄藤钵罩

→第 39 页　成品大小：直径为 30cm，高 17cm

【材料】

野葡萄藤（粗 3~6mm）……约 400 克
木通（粗 2~2.5mm）……长约 10m

【制作方法】

重点 向上编织时，粗略地用木通进行编织。因为野葡萄藤较粗，所以比起"单薄"的花朵，使用有点"分量"的植物进行装饰会比较合适。

1 编织圆环

拿出合起来大约粗 1cm 的野葡萄藤，用木通从头开始每间隔 1cm 缠绕一圈，缠绕 15cm。将草束弯成环后再卷一圈，将木通从圆环中心穿过，将草束卷起来，慢慢扩大圆环直径。

2 用一落编法继续编织

编织时慢慢扩大针眼的间隔，用一落编法将圆盘的直径编至 13cm 为止。

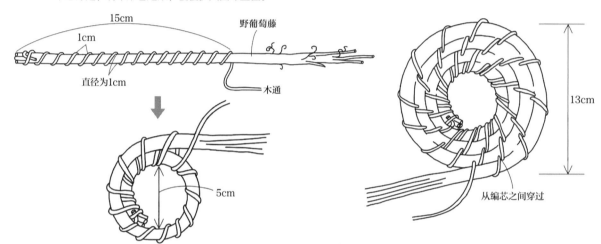

15cm
1cm
野葡萄藤
直径为1cm
木通
5cm
13cm
从编芯之间穿过

3 翻过来向上编织篮身

将底面翻转过来之后，间隔 3~4cm 用一落编法继续编织，将编芯从木通中间穿过，一边改变编芯的位置，一边松散地进行编织。一边加针，一边慢慢扩大篮口直径，编至篮高 17cm 为止，最后将编芯穿入篮子内侧收尾即可。

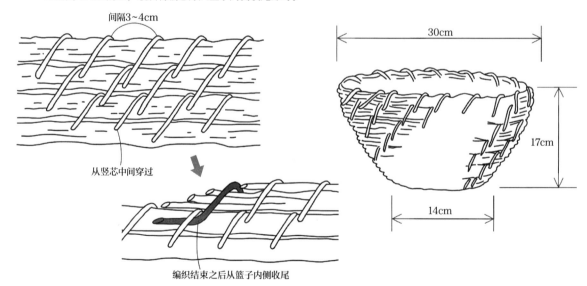

间隔3~4cm
从竖芯中间穿过
30cm
17cm
14cm
编织结束之后从篮子内侧收尾

037 野葡萄藤水果篮

→ 第 42 页　成品大小：长 28cm，宽 22cm，高 10cm（包含提手高 19cm）

【材料】

野葡萄藤（粗 2~5mm）……约 120 克

木通（粗 2mm）……约 60 克

 重点　将野葡萄藤编成椭圆形，再缠绕上木通就能制成篮子。

【制作方法】

1 将藤蔓编成椭圆形

将粗 2~3mm 的较长的野葡萄藤制成规格为宽 3cm，长 5cm 的椭圆形，将野葡萄藤的其中一端穿入椭圆形内部。

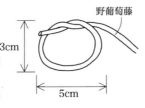

野葡萄藤

3cm

5cm

2 保持间距继续编织

将柔软的木通缠绕在野葡萄藤制成的环的接点处。野葡萄藤每圈之间间隔 2cm，将野葡萄藤进行绕圈的同时，拿出木通上下缠绕在环上。用木通将野葡萄藤的第一圈和第二圈缠绕在一起。

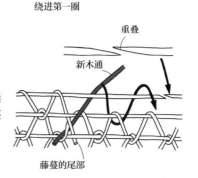

缠绕上木通

2cm

绕进第一圈

3 翻过来继续向上编织

圆盘直径达到 18cm 之后，使其底面朝上继续编织。按照同样的方法继续编织，慢慢扩大圆盘的直径。木通长度不够的话，直接补上新的藤蔓即可，需要将新藤蔓上方 2cm 部分插入篮子内侧。

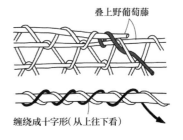

重叠

新木通

藤蔓的尾部

4 处理边缘部分

篮身高度编至 10cm 之后，缩小最外圈的野葡萄藤和前一圈野葡萄藤之间的间距，整体高度相同后再覆上野葡萄藤。边缘用木通斜着缠绕，绕成十字形。

叠上野葡萄藤

缠绕成十字形（从上往下看）

5 装上提手

将 2 根粗 4~5mm、长 45cm 的野葡萄藤扭转在一起，再将藤蔓两端斜着修剪，将其插入篮子内侧。将粗约 2mm 的野葡萄藤缠绕在提手上，反向缠绕完之后插入篮子内侧即可。

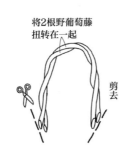

将2根野葡萄藤扭转在一起

剪去

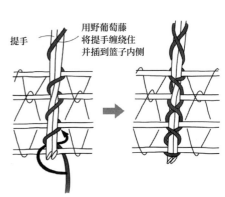

提手

用野葡萄藤将提手缠绕住并插到篮子内侧

036 庭院用棕榈绳花篮

→ 第 40 页　成品大小：长 45cm，宽 33cm，高 22cm（包含提手高 40cm）

【材料】

野葡萄藤

| 竖芯（粗 7~8cm）……长 40cm，3 根；
| 长 36cm，7 根，
| 补芯（粗 4~5cm）……长 25cm，40 根

木通

| 编芯（粗 3~4cm）……300 克

| 提手（粗 4~5cm）……长 70cm，
| 6 根

棕榈绳（棕色、黑色）……各 30cm

装订针

重点　常见的棕榈绳是和藤蔓一样结实又容易处理的材料。这里所用到的编织方法自始至终都是双绳编法。

【制作方法】

1　分芯

将 3 根 40cm 长的竖芯的中间位置打上孔，再将 7 根 36cm 长的竖芯从孔中穿过，使竖芯的中心对齐。将编芯挽成圈挂在竖芯上，用双绳编法缠绕 3 圈。将竖芯分为 3 根和 4 根一组缠绕一圈之后再分为 2 根一组缠绕 3 圈。将竖芯一根一根地分开后编织，累计编织 5cm 长。将编芯保留 2cm，将多余的部分剪去并穿入篮子内侧固定住。

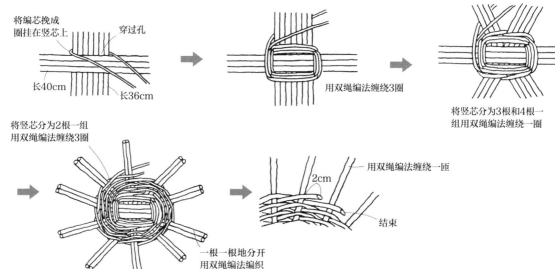

将编芯挽成圈挂在竖芯上　穿过孔

长40cm　长36cm

用双绳编法缠绕3圈

将竖芯分为3根和4根一组用双绳编法缠绕一圈

将竖芯分为2根一组用双绳编法缠绕3圈

一根一根地分开用双绳编法编织

用双绳编法缠绕一匝

2cm

结束

2　棕榈绳用双绳编法编织

将棕色和黑色的棕榈绳绑在一起，将结点侧挂在篮子内侧的竖芯上，用双绳编法编织 10cm 之后将其在篮子内侧固定住。将木通用双绳编法编织 2 圈之后，将竖芯保留 1.5cm，并剪去多余部分。

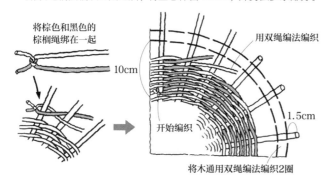

将棕色和黑色的棕榈绳绑在一起

10cm

用双绳编法编织

开始编织

1.5cm

将木通用双绳编法编织2圈

3　插上补芯向上编织

在竖芯两侧插入补芯，在补芯的边缘用坚硬的工具压出折痕后，向上编织。竖芯以 2 根为一组，拿出木通用双绳编法编织 4cm 之后，将编芯从篮子内侧穿出并固定住。

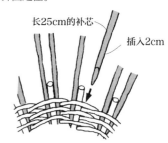

长25cm的补芯

插入2cm

4 再拿出棕榈绳用双绳编法编织

将棕色和黑色的棕榈绳绑在一起，结点挂在篮子内侧的竖芯上，用双绳编法编织6cm。再加入棕色和黑色的棕榈绳，继续相互交替编织6cm，在篮子内侧打结固定住。

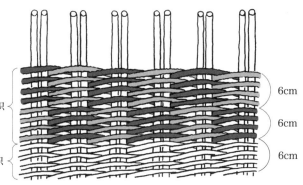

用棕榈绳进行双绳编织〈

用木通进行双绳编织〈

6cm

6cm

6cm

5 处理篮边

将编芯以2根为一组穿入竖芯之间，用矢羽根编法编一圈。再用双绳编法编一圈，在此基础上将编芯斜着缠绕并固定住。将竖芯保留2cm，多余的剪去即可。

矢羽根编法

将木通以2根为一组插入2cm，用双绳编法编一圈

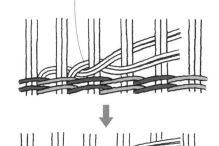

第二圈用双绳编法反方向继续编织

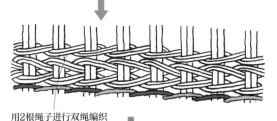

用2根绳子进行双绳编织

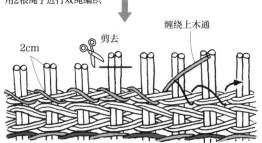

2cm

剪去

缠绕上木通

6 装上提手

将6根用来制作花篮提手的木通插入花篮边缘。如图所示，将编芯插入对面的篮口。插入的部分用装订线缠绕起来，再用编芯固定即可。

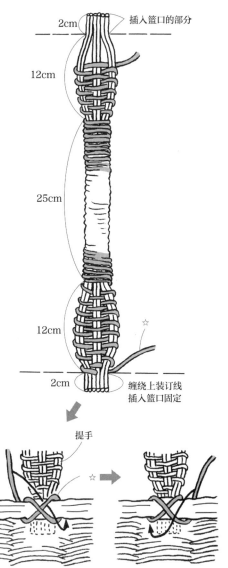

2cm

插入篮口的部分

12cm

25cm

12cm

☆

2cm

缠绕上装订线插入篮口固定

提手

☆

038 野葡萄藤烛台

→ 第 43 页　成品大小：直径为 13cm，高 5cm；框架长 15cm，宽 13cm，高 13cm

【材料】

野葡萄藤
　篮子（粗 1~5mm）……约 100 克
　框架（粗 7~8mm）……约 70cm
虞美人果实、野葡萄果实……各适量
野葡萄皮（宽约 1cm）……长 30cm

喷漆（金色）
钢丝（2.6mm）

重点 篮身的部分尽量选择细的野葡萄藤制作，选用带着卷须的野葡萄藤制作出来的作品会比较可爱。由于野葡萄藤的皮很结实，所以平整的野葡萄藤也可以当作竖芯来使用。

【制作方法】

1 卷 2 圈

将 3~4 根框架野葡萄藤绑在一起卷成圆环，之后再卷一圈。将粗约 2mm 的野葡萄藤从圆环中间穿过，绕圆环 3~4 圈。

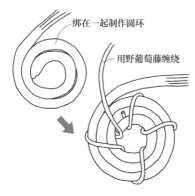

绑在一起制作圆环
用野葡萄藤缠绕

2 用一落编法继续编织

将细细的野葡萄藤每间隔 4~5cm，用一落编法继续编织。

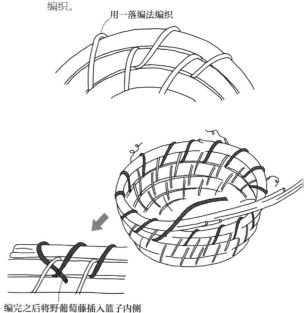

用一落编法编织

编完之后将野葡萄藤插入篮子内侧

3 翻过来向上编织

待圆盘的直径编至 10cm 之后将其底面翻过来，向上继续编织，一边编织，一边慢慢向外扩张编织，编至高度达到 5cm 为止。编完之后将野葡萄藤插入篮子内侧固定住。

【框架的制作方法】

1 制作一根芯

将用来制作框架的野葡萄藤的一端挽个圈，用钢丝固定住。将另一端挽成椭圆，用钢丝将其重叠固定在结点上。再将野葡萄藤缠绕在框架上。

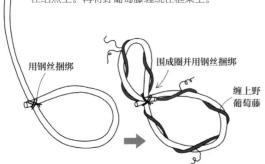

用钢丝捆绑
围成圈并用钢丝捆绑
缠上野葡萄藤

2 装饰结点

用野葡萄皮缠绕结点处的钢丝并将其隐藏起来。再将虞美人果实和野葡萄果实加入结点处。轻轻地在框架上喷上喷漆，最后将其放在篮子上即可。

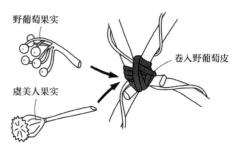

野葡萄果实
虞美人果实
卷入野葡萄皮

039 常春藤花篮

→ 第 44 页　成品大小：直径为 40cm，高 5cm

【材料】

常春藤
| 编芯（粗 3~4mm）……300 克
葛藤
| 框架（粗 10mm）……长 1.4m

纸板（直径 35cm 的圆形纸板）
胶带

重点
由于常春藤柔软且易剥皮，所以它属于容易处理的材料。与其他材料一样，在冬季开始变干时采集常春藤比较好。

【制作方法】

1 将常春藤放在纸板上

将 6~7 根较长的编芯随意地交叉摆放在纸板上，连接点处用胶带暂时固定住。

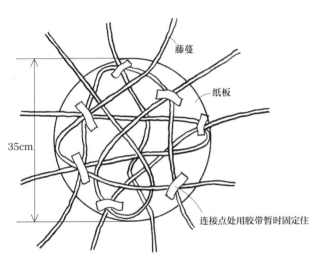

藤蔓

纸板

35cm

连接点处用胶带暂时固定住

2 乱编

加入常春藤，用乱编法编至圆盘的直径稍稍大于纸板。调整完形状之后，去除纸板，随机将编芯重叠编织在一起，制作出像小山一样的凸起。一边用手按压制作出弧度，一边接着编织。保留几根长一些的常春藤在圆盘外部。

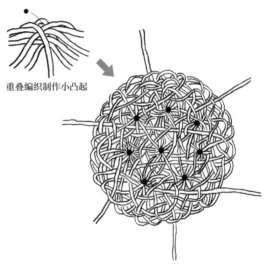

重叠编织制作小凸起

3 处理篮口

将留在圆盘外部的长常春藤向上拉，编织篮身。

向上拉编织篮身

5cm

4 装上葛藤框架

将框架放在篮口，随机编织，用编芯将框架固定住即可。

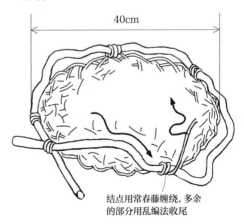

40cm

结点用常春藤缠绕，多余的部分用乱编法收尾

040 常春藤灯罩

→ 第 45 页　成品大小：直径为 38cm，高 18cm

【材料】

用甘油加工处理过的常春藤……长约 20~50cm，15 根
络石
　竖芯（粗 1.5~2mm）……长 2m，1 根；长 1m，约 35 根
　竖芯……约 200 克
用钢丝制成的灯罩框架（长 38cm，宽 18cm）
喷漆（金色）
花卉胶带（棕色）

重点　将用钢丝制成的灯罩框架和络石，以及用甘油加工处理过的有叶子的常春藤一起用螺纹法编织。竖芯即编芯，螺纹非常适合作为灯罩的装饰。由于络石干了之后非常容易折断，所以编织时要时常喷水将其润湿。

【制作方法】

1　卷上胶带

用胶带缠满框架。

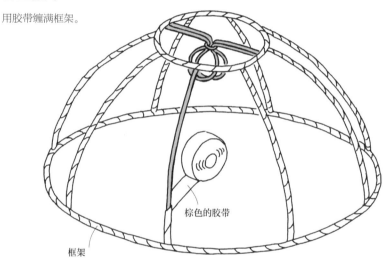

棕色的胶带

框架

用钢丝制成的灯罩框架，在卖灯罩的店或手工艺品店均有出售。或是可以扯掉已经变旧的灯罩上的纸，灵活使用旧的灯罩框架。

2　挽圈

拿出 2 根 1m 长的竖芯，在竖芯下方往上 2cm 处，再拿出 2m 长的竖芯，将 2m 长的竖芯挽个圈挂在上面，将竖芯的其中一边向上方弯折。拿出另一根竖芯，摆在刚刚向上弯折的竖芯旁边，这样 2 组都各有 2 根竖芯。将第一组右边的竖芯绕到第二组竖芯的后面之后拉倒，和横着的竖芯交叉摆放，再将横着的竖芯向上方弯折。在向上方弯折的竖芯旁添加一根竖芯，重复同样的步骤添加约 35 根竖芯。编织成直径为 10cm 的圆环之后，将最后一根竖芯和第一根竖芯绑在一起。

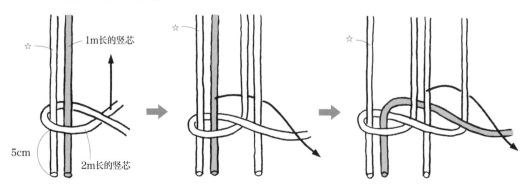

1m长的竖芯

5cm

2m长的竖芯

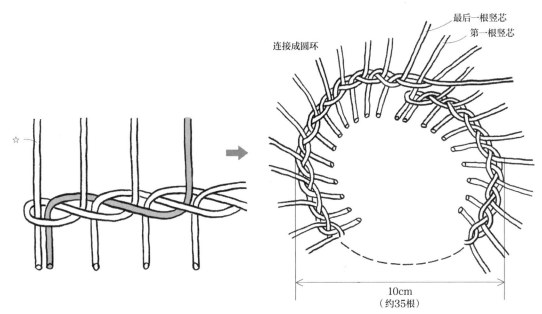

连接成圆环

最后一根竖芯

第一根竖芯

10cm
（约35根）

3 固定在框架上

在框架上面放上步骤 2 中制作的直径为 10cm 的圆环，将超过圆环 5cm 的竖芯剪去。
再拿出新的竖芯，和倾斜着的竖芯之间间隔 4cm，将圆环绑在框架上。

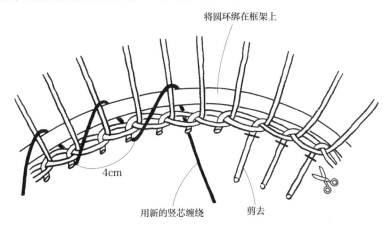

将圆环绑在框架上

4cm

用新的竖芯缠绕

剪去

4 加针

将 1m 长的竖芯插入空隙中，以 1cm 的间隔继续向前编织。如果竖芯长度不够即时补
充新的即可。

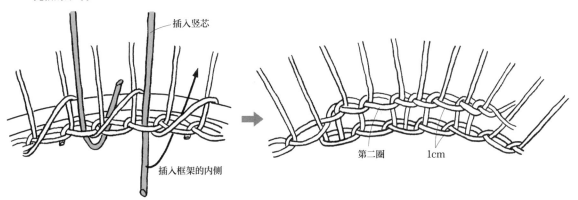

插入竖芯

插入框架的内侧

第二圈

1cm

175

5 加入常春藤

随机倾斜着插入常春藤，再用竖芯缠绕将其固定。如果编织的过程中能随机将竖芯与框架固定在一起，整个篮子的结构就会变得更稳定。

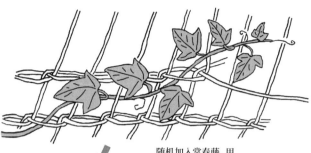

随机加入常春藤，用竖芯将其卷入编织

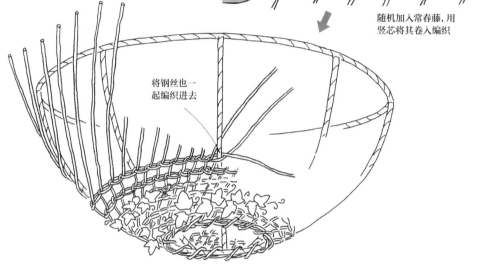

将钢丝也一起编织进去

常春藤的甘油加工处理

如果常春藤事先用甘油加工处理过，叶片就不会枯萎，藤蔓也会变得更加柔韧，从而变得更容易处理。

制作方法

将甘油和热水以 2 : 1 的比例在容器中混合之后，将常春藤连同藤蔓和叶片一起浸泡在溶液中。将容器用保鲜膜封好，放在阳光充足的地方，慢慢地常春藤的颜色就会从绿色变为棕色。等到藤蔓变成自己喜欢的颜色时就可以拿出了。即便是想要常春藤保持原来的绿色，浸泡的时间也不得少于 2 周。

6 处理篮口

一边加针，一边继续编织，编织到距离篮口 3cm 处停止。将每根芯都在框架边缘处斜着缠绕一圈，随后在距芯的末尾的 2cm 处剪断。再拿出一根竖芯，缠绕一圈篮口之后穿入篮子内侧固定。

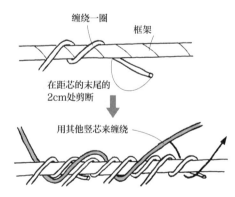

缠绕一圈　框架

在距芯的末尾的 2cm 处剪断

用其他竖芯来缠绕

7 喷上喷漆

随意喷上喷漆即可。

041 迷你紫藤花篮

→ 第 46 页   成品大小：长 42cm，宽 8cm，高 14cm

【材料】

紫藤
| 框架（粗 3~6cm）……长 50cm，8 根
青藤
| 编芯（粗 2.5mm）……长约 4m

木通
| 编芯（粗 2~2.5mm）……长约 7m
（包含内袋）
钢丝（粗 2.6mm）

 重点 这是直接使用弯折的、扭在一起的紫藤作为框架并使用乱编法制成的花篮。

【制作方法】

1 用紫藤组装框架

将紫藤摆成图中的形状，用钢丝将两端绑住。

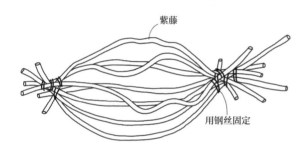

紫藤

用钢丝固定

2 装入内袋

在篮口内侧装上木通，用钢丝在多处暂时固定住。这个部分叫作内袋，所以安装在篮口部分的木通不能过粗，木通要装在框架内侧的部分，这样接下来用编芯编织时才方便操作。

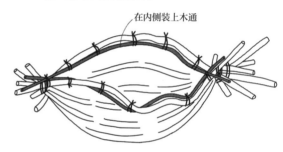

在内侧装上木通

3 用乱编法编织

将制作内袋的青藤穿过篮口处的木通，上下交错穿过框架，用乱编法缠绕住紫藤。中途可以加入木通使孔更密集。编芯不够长的话从篮子内侧插入补充即可。

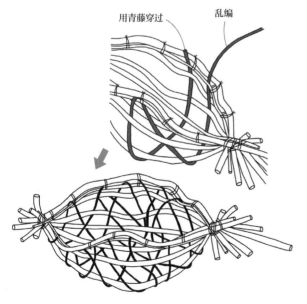

用青藤穿过   乱编

4 篮口的收尾

用青藤将篮口两端缠绕 5~6 次紧紧固定住。再用较细的青藤将篮口和内袋一起斜着缠绕一圈。将框架两端伸出来的紫藤修剪成适当的长度，去除钢丝。

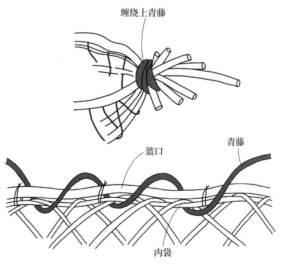

缠绕上青藤

篮口   青藤

内袋

042 紫藤通用花篮

→第 47 页　成品大小：长 60cm，宽 10cm，高 25cm（包含提手高 42cm）

【材料】

紫藤

框架（粗 7~8mm）……长约 2m

编芯（粗 3~7mm）……800 克

提手（粗约 10mm）……长约 2.2cm

钢丝（粗 2.6mm）

【制作方法】

重点　在使用乱编法编织时，考虑到篮子整体的构造，向自己喜欢的方向编织即可，乱编法是非常简单的编织方法。在编织过程中加入木通或者葛藤之类的材料也是不错的选择。

1 拿出 5~6 根编芯开始编织

准备 5~6 根长 2~3m 的编芯，交叉缠绕在一起制作成直径约为 60cm 的圆。将结点用钢丝简单固定住。

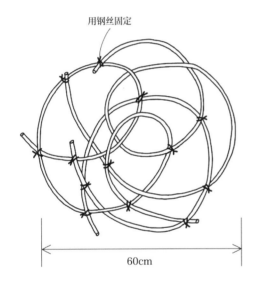

用钢丝固定

60cm

2 乱编

如图所示加入藤蔓，将藤蔓与步骤 1 中的圆上下交错缠绕在一起，并用乱编法进行编织。将粗 4~5mm 的藤蔓制成一个直径为 60cm 的圆，将圆和周围的藤蔓卷绕编织在一起，制成一个完整的圆环。

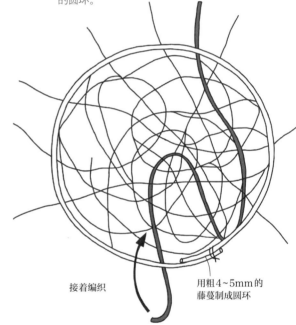

接着编织

用粗 4~5mm 的藤蔓制成圆环

3 向上编织

将圆环向中间弯折制成类似山的形状，顺着圆环的走向加入藤蔓继续使用乱编法编织。

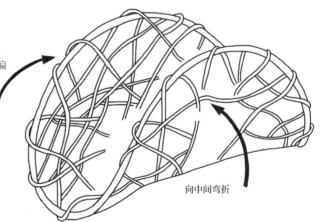

向中间弯折

4 制作框架

将制作框架用的藤蔓搭在山形圆环的边缘，先用钢丝暂时固定住，再用编芯紧紧缠绕住。

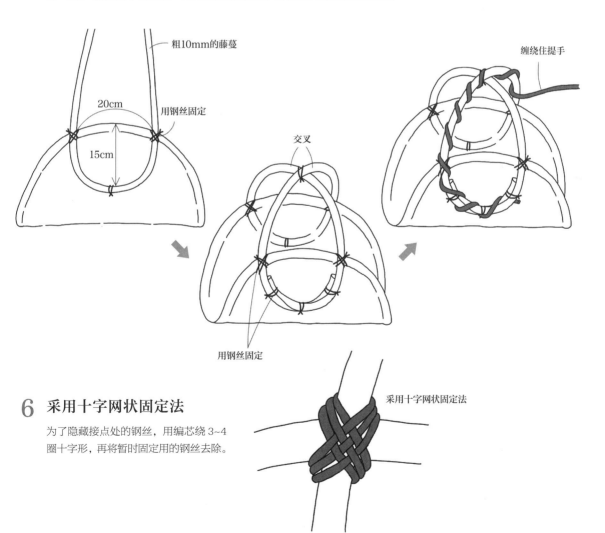

粗7~8m的藤蔓

缠绕上编芯

用钢丝紧紧固定住

5 装上提手

将制作提手用的藤蔓对半弯折，将弯折的部分搭在距篮口部分 15cm 处，把接点处用钢丝固定住。将藤蔓在篮身中央处交叉之后拉到篮身对面，把藤蔓的前端合在一起并弯成圆环，和前面一样先用钢丝固定住，再将提手用编芯缠绕起来。

粗10mm的藤蔓

20cm

用钢丝固定

15cm

交叉

缠绕住提手

用钢丝固定

6 采用十字网状固定法

为了隐藏接点处的钢丝，用编芯绕 3~4 圈十字形，再将暂时固定用的钢丝去除。

采用十字网状固定法

043 紫藤棕榈绳花篮

→ 第 48 页　成品大小：直径为 40cm，高 12cm（包含提手高 19cm）

【材料】

野紫藤
芯材（粗 5~10mm）……长约 10m
提手（粗 20mm）……60cm

棕榈绳……长 30m
钢丝（粗 2.6mm）

重点 由于野紫藤的藤蔓比较粗且坚硬，所以需要提前一周左右将其浸泡在水里软化。原本就弯曲的藤蔓可以作为提手或者框架使用，除此之外将其作为装饰也是不错的选择。

【制作方法】

1 将野紫藤绕成环

将芯材的前端斜着切去 7~8cm，绕成环之后用钢丝紧紧缠绕固定住。

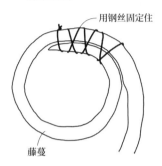

用钢丝固定住

藤蔓

2 用单色编织

将棕榈绳绕成环挂在藤蔓上，一边加针，一边用单色编织。藤蔓长度不够的话，将藤蔓前端斜着切除之后重叠补充即可。将棕榈绳用打结的方法连接在一起。

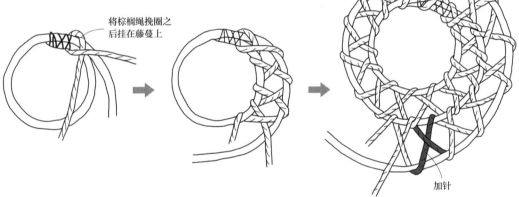

将棕榈绳挽圈之后挂在藤蔓上

加针

3 直接向上编织

编至圆盘的直径达到 30cm 之后，将编织的那面朝上立起编织，编至篮身高度达到 12cm 为止。收尾时慢慢缩小藤蔓与藤蔓之间的间隔，再打结固定即可。

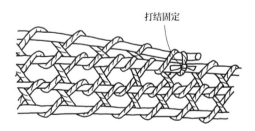

打结固定

4 用十字网状固定法固定提手

将制作提手用的藤蔓装在篮口处，拿出棕榈绳用十字网状固定法固定即可。

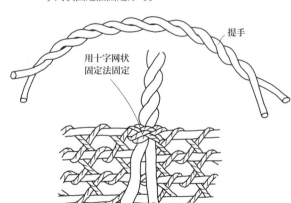

提手

用十字网状固定法固定

044 紫藤花环

→ 第 50 页　成品大小：花环直径为 32cm

【材料】

紫藤（粗 5~8mm）……长约 5m
虞美人果实（约 40cm）……12 根
丝带（宽 1.5cm、金棕色）……长 1.1m

穗子……长 15cm
喷漆（金色）
钢丝（粗 2.6mm）

重点 紫藤的藤蔓上基本都有较为明显的结点或者扭曲程度比较厉害的部分，如果能活用这些结点也是不错的选择。

【制作方法】

1 卷起藤蔓

将泡软的藤蔓上下交错扭转，缠绕 4~5 圈制成直径为 32cm 的圆环。

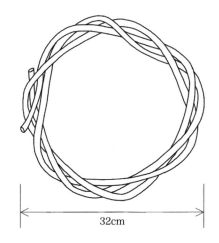

32cm

2 点缀

将虞美人的果实一点点错开用钢丝绑在一起，从上方用丝带将其扎成花束。将虞美人果实花束横着放在刚刚制好的圆环上，用钢丝固定住。给花环喷上喷漆，最后绑上穗子装饰即可。

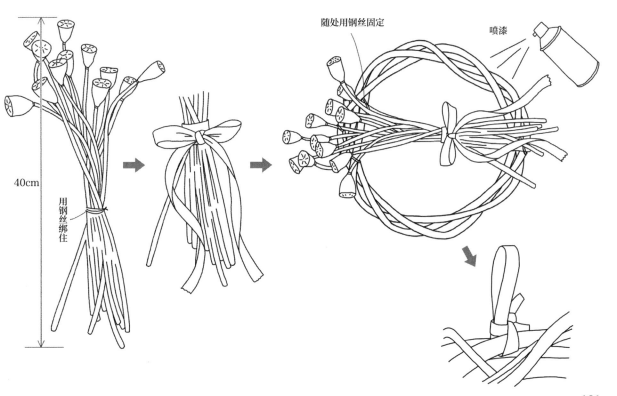

随处用钢丝固定

喷漆

40cm

用钢丝绑住

045 紫藤烛台

→ 第 51 页　成品大小：直径为 14cm，高 5cm

【材料】

紫藤（粗 2~4mm）……300 克
胡桃……5 个

橡果……12 个
胶水或者胶带
喷漆（金色）

 重点　像紫藤这种坚硬的材料，不太可能用其制作出完美的外观。用韧性好的紫藤编织的作品的空隙也别有一番风味。

【制作方法】

1 制作圆环

将 4~5 根紫藤绑在一起制作圆环，再用 4~5 根较细的紫藤缠绕 4~5 圈，制成直径为 6cm 的圆环。再卷一圈，粗略地用一落编法继续编织。

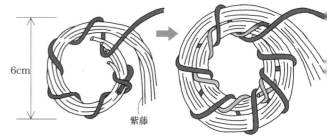

2 翻过来向上编织

将其底面朝上，继续向上编织，编至外圆直径达到 14cm 为止。将一开始绑好的藤蔓一点点错开，装入篮子内侧并固定好即可。

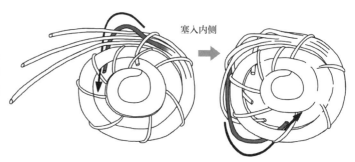

3 制作篮口

加入新的藤蔓，从篮口处穿过，从而制作 5 个山形圆环。在此基础上再制作一圈山形圆环并固定住。

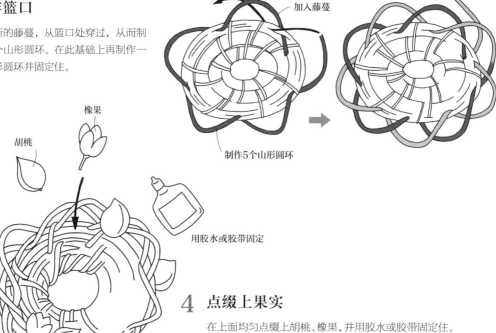

4 点缀上果实

在上面均匀点缀上胡桃、橡果，并用胶水或胶带固定住。最后给作品喷上喷漆即可。

046 葛藤花篮

→ 第 52 页　成品大小：直径为 20cm，高 13cm（包含提手高 18cm）

【材料】

葛藤

竖芯（粗 5mm）……长 60cm，5 根

编芯（粗 3~5mm）……200 克

| 提手（粗 5mm）……长 30cm

山药藤……长 50cm

钢丝（粗 2.4mm）

重点　由于葛藤比较柔软，所以相对来说比较适合用来制作小型的作品。提手部分用 2 根扭在一起的藤蔓制成，再装饰上山药藤即可。

【制作方法】

1 用十字编法编织

将 3 根竖芯和 2 根竖芯摆成十字形，再将编芯挽成圈挂在十字上并缠绕 2 圈。将竖芯分为 2 根一组，用飞跃素编法缠绕一圈，将最后一根竖芯剪去，使竖芯的数量变为奇数。

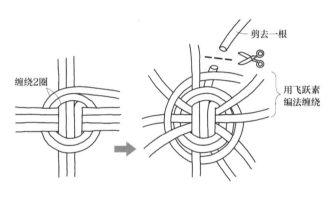

缠绕2圈

剪去一根

用飞跃素编法缠绕

2 用素编法继续编织

用飞跃素编法编至圆盘直径达到 8cm 之后，再用单股的素编法编至圆盘直径达到 20cm 为止。

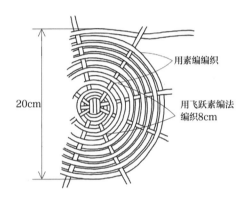

20cm

用素编编织

用飞跃素编法编织8cm

3 翻过来向上编织

将底面翻转过来之后，将其中一根竖芯保留 2cm 的长度，剩余的部分剪去。将上下的竖芯分成左右 2 组，加入一根编芯用双绳编法缠绕一圈之后固定住。将分拨到两边的竖芯向上延伸，将两边向上延伸的竖芯高 13cm 的地方用钢丝绑住。

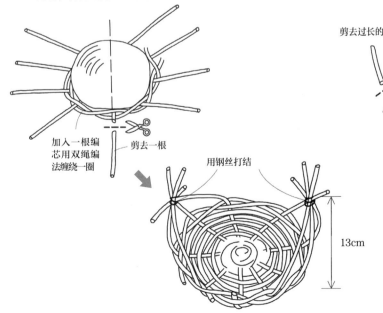

加入一根编芯用双绳编法缠绕一圈

剪去一根

用钢丝打结

13cm

4 装上提手

将提手用钢丝固定在竖芯的结点处，对竖芯调整好形状之后保留 2~3cm 的长度，将多余的部分剪去。为了隐藏结点，用山药藤缠绕提手即可。

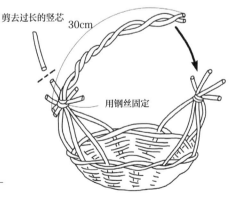

剪去过长的竖芯

30cm

用钢丝固定

047 葛藤皮组合餐盘

→第53页 成品大小：长21cm，宽80cm

【材料】

葛藤皮（粗2~3mm）……100克
棒子（竹枝之类的、粗5mm）……长21cm，2根

稍粗的钩针
胶带

 重点 开裂了的葛藤皮和毛线、蕾丝一样可以用于编织。活用葛藤皮的特征，随意编织即可。

【制作方法】

葛藤皮的处理方法

将粗1cm以上的葛藤，在水中浸泡一个月以上（期间需要换水），就可以将皮剥下来了。由于藤蔓皮的内部有一层叫作"韧皮"的纤维部分（比较坚硬），因此必要时可以用菜刀之类的工具将这层较硬的皮剥下来。为了不让藤蔓变得干燥，需要将处理完的葛藤用纸板包起来保存。如果葛藤皮过于薄，可以多拿几片绑在一起，厚度达到2~3mm之后再使用。

1 开始编织

用喷雾将葛藤皮喷湿，用钩针编出锁纹，编至18cm（约16针）后拔出钩针。

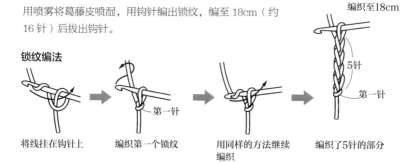

2 将棒子从针眼中穿过

将棒子穿过针眼背面。

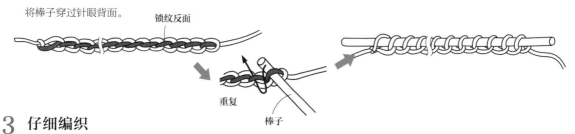

3 仔细编织

将棒子放在下方，向上用锁纹编织，编至高度达到80cm为止。葛藤皮长度不够的话，拿出新的葛藤皮绑在之前的葛藤皮上，结点用钩针拉到篮子内侧即可。

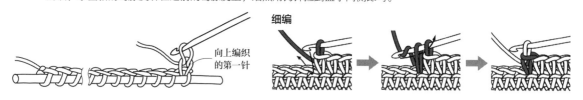

4 插入棒子

编完之后将钩针抽出来，剪去多余的葛藤皮，固定好尾部之后将棒子穿过第一排的孔即可。

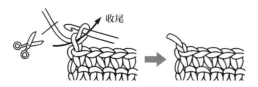

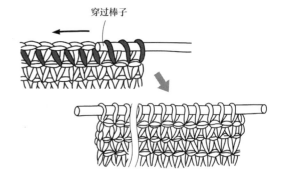

048 葛藤皮花篮

→ 第 53 页　成品大小：直径为 17cm，高 7.5cm（包含提手高 15cm）

【材料】

葛藤皮……100 克
钩针
胶带

重点　如果使用葛藤皮内侧有韧皮的坚硬部分向上编织，修整形状时会比较方便。

【制作方法】

1 绕环

用钩针钩出 6 个锁纹之后，将其绕成环。

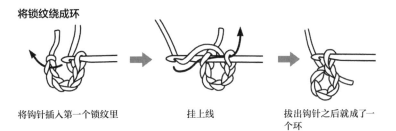

将锁纹绕成环

将钩针插入第一个锁纹里　　挂上线　　拔出钩针之后就成了一个环

2 用长编法编织

向上编织 3 个锁纹，在圆环中间钩 12 针。

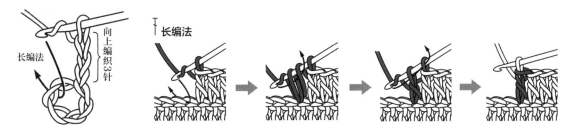

长编法　向上编织 3 针　长编法　长编法

3 用长编法继续编织

从第二圈开始，在刚刚用长编法编织好的 2 圈锁纹中间，再用长编法编织 2 针。重复这 2 个步骤，编至圆盘直径达到 17cm 为止。

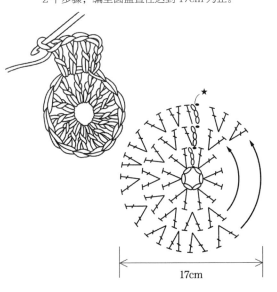

17cm

4 向上编织

用较坚硬的葛藤皮向上编织。如图所示，用长编法编完 3 圈之后穿过线固定住即可。

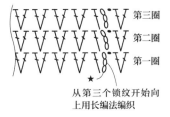

第三圈
第二圈
第一圈

从第三个锁纹开始向上用长编法编织

5 装上提手

将 4 根 5mm 粗、30cm 长的葛藤皮绑在一起，制作成一根四股绳提手。将提手放在篮子外侧，用葛藤皮缠绕固定住。反面也用同样的方法固定即可。

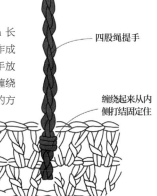

四股绳提手

缠绕起来从内侧打结固定住

049 葛藤菜篮

→ 第 54 页　成品大小：直径为 40cm，高 12cm（包含提手高 20cm）

【材料】

葛藤

竖芯（粗 5~6mm）……长 90cm，10 根
补芯（粗 5mm）……长 30cm，19 根
编芯（粗 3~5mm）……长约 30m
提手（粗 10mm）……长 40cm，2 根
木通（粗 2~3mm）……2m

 重点　葛藤在日本是随处可见的藤蔓植物。和木通之类的植物比起来，葛藤的柔韧性和其粗壮的样子更吸引人，它适用于编织体型较大且粗糙的篮子。

【制作方法】

1 从十字编法开始

横竖各用 5 根竖芯摆成十字。将编芯绕个环挂在十字上，缠绕 2 圈，反向再缠绕 2 圈。将竖芯分成 2 根一组，用飞跃素编法编织一圈，剪去最后一根竖芯，将竖芯根数变为奇数。

2 用素编法继续编织

使用飞跃素编法编织 3cm（半径）之后，将竖芯一根一根地用素编法在篮子内侧松松地编织 8cm（半径）。编芯长度不够的话在外侧补上新的编芯即可。

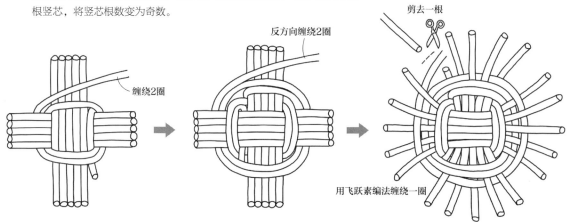

3 插入补芯继续编织

将补芯插入竖芯之间，插入 3cm 的长度。这个时候，在某一处竖芯的旁边不插入补芯，使其数量成为奇数。一边给篮子制成弯曲的弧度，一边向上编织，用素编法编至篮子的直径达到 38cm 为止。再加入 2 根编芯用三绳编法编织 2 圈。

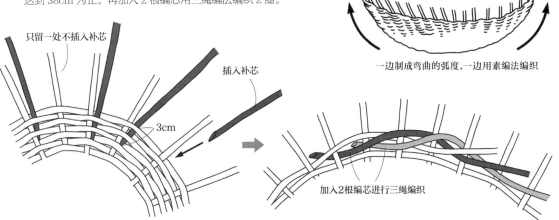

一边制成弯曲的弧度，一边用素编法编织

只留一处不插入补芯

插入补芯

3cm

加入2根编芯进行三绳编织

4 处理篮口

将竖芯浸湿之后，将其从旁边的竖芯背后穿过，再从下一根竖芯的前方穿过，使其留在篮内。按同样的步骤编完篮口后（一圈），将从篮子内侧伸出来的竖芯插入篮子内侧固定住。

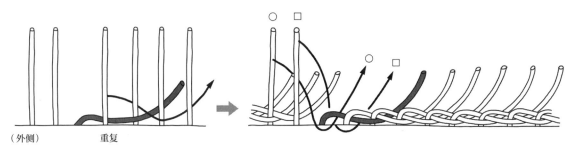

（外侧）　　　重复

将3根中最左边的竖芯拉到另外2根竖芯前方

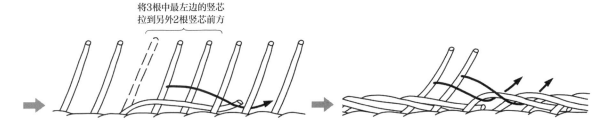

5 装上提手

将用于制作提手的葛藤摆在篮子的两边，用木通缠绕十字，将其固定住即可。

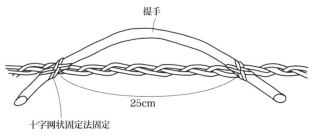

提手

25cm

十字网状固定法固定

050 葛藤、秋草菜篮

→ 第56页　成品大小：直径为44cm，高20cm（包含提手高40cm）

【材料】

葛藤

框架（粗6mm）……长2.5m，2根　　麻绳（粗6mm）……长约15m

竖芯（粗5~8mm）……长80cm，12根　　钢丝（粗2.6mm）

编芯（粗3~5mm）……600克

重点　制作篮子提手时，选用弯曲或有结点的框架会比较合适。即便是比较粗的葛藤，只要在水中浸泡2~3天之后，也会变得容易编织。

【制作方法】

1 制作框架

将制作框架用的葛藤上下交错绕成直径为40cm的圆环。用相同的方法制作2个圆环。如图所示，将其组装在一起并用钢丝固定住。

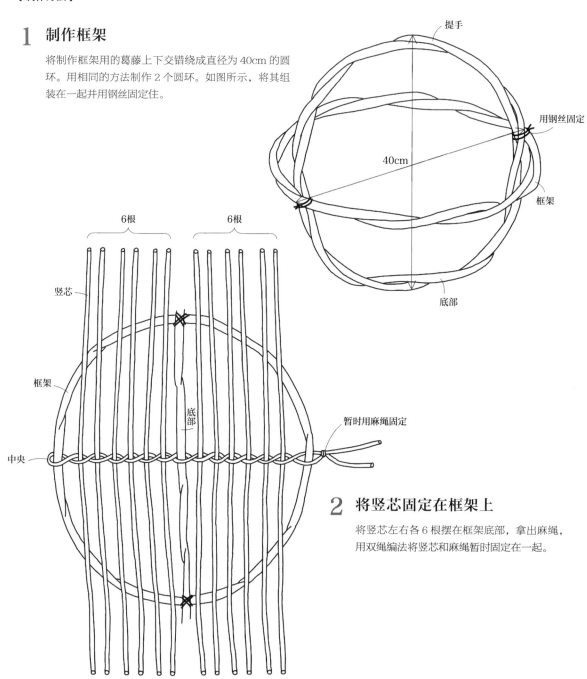

2 将竖芯固定在框架上

将竖芯左右各6根摆在框架底部，拿出麻绳，用双绳编法将竖芯和麻绳暂时固定在一起。

3 用素编法继续编织，中途编入麻绳

将较长且柔软的编芯挽个环挂在框架上，从框架中央向上下方向各用素编法编织11cm。为了让边缘的花纹平整，编织边缘部分时手法要细致一些。接着拿出麻绳，将麻绳用素编法上下各编织4cm（约10圈）。

4 给篮子加上弧度

按照框架的形状，编织时一边制作弧度，一边慢慢缩小编芯之间的间距，用编芯编织约4cm。

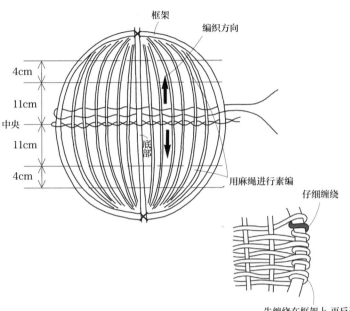

框架
编织方向
4cm
11cm
中央
底部
11cm
4cm
用麻绳进行素编

仔细缠绕
先缠绕在框架上，再反过来编织

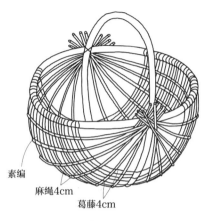

素编
麻绳4cm
葛藤4cm

5 剪去竖芯继续编织

编至竖芯间距变小之后，以2根竖芯为一组继续编织5cm，剪去每组中一边的竖芯。接着以3根竖芯为一组一直编织到提手根部，将边缘处过长的竖芯剪去。

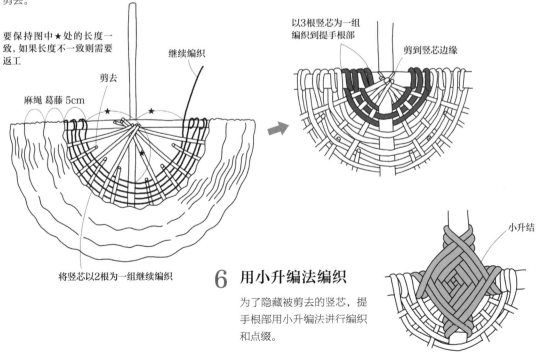

要保持图中★处的长度一致，如果长度不一致则需要返工

继续编织
剪去
麻绳 葛藤5cm

将竖芯以2根为一组继续编织

以3根竖芯为一组编织到提手根部
剪到竖芯边缘

小升结

6 用小升编法编织

为了隐藏被剪去的竖芯，提手根部用小升编法进行编织和点缀。

051 葛藤、秋草花篮

→ 第 57 页　成品大小：直径为 20cm，高 20cm

【材料】

葛藤

| 框架（粗 5mm）……长 65cm
| 编芯（粗 3~5mm）……约 250 克

青藤……长 1~1.5mm，20 克
芒草、黄背草、茅草……适量
钢丝（2.6mm）

 重点　芒草等秋草需要事先采摘并风干。编织时要时常用水将其喷湿再使用。

【制作方法】

1 将编芯缠绕在一起

将 4~5 根 5mm 粗、约 2m 长的编芯不规则地围成直径为 65cm 的圆环，用钢丝将结点暂时固定住。

用钢丝暂时固定住

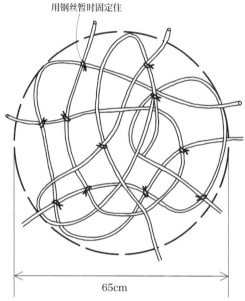

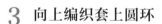
65cm

2 用乱编法编织

加入编芯后用乱编法向各个方向循环编织 7~8 次。

再加入编芯编织

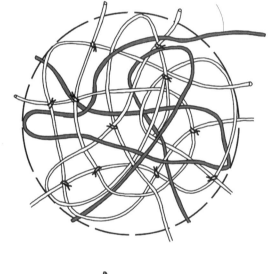

3 向上编织套上圆环

将花篮的圆形底部直径编至 25cm 之后，一边向上编织篮身，一边用手掌按压调整形状。将制作框架的葛藤围成直径为 20cm 的圆环，在篮身 20cm 处，贴着花篮内侧调整形状，并用钢丝将其暂时固定住。再加入编芯进行乱编，保留几根编芯在篮口外部。

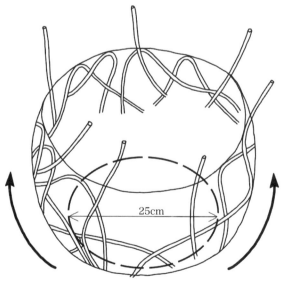
25cm

向上编织并修整形状

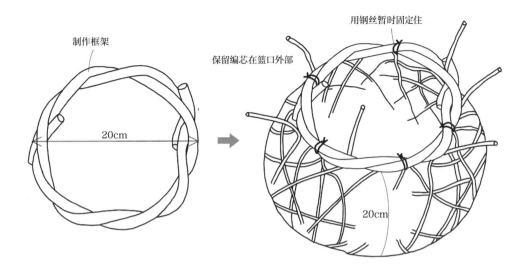

制作框架

20cm

保留编芯在篮口外部

用钢丝暂时固定住

20cm

4 缠绕篮口

加入新的编芯后，将刚才保留的编芯围绕篮口再缠绕一圈。

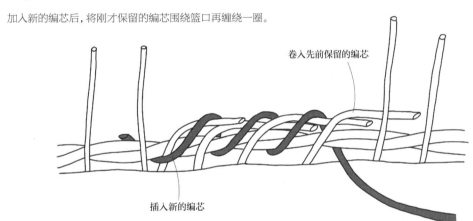

卷入先前保留的编芯

插入新的编芯

5 加入芒草等香草

将芒草等香草从顶端穗子处开始保留 30cm，将多余的草茎剪去，将其放在花篮的外侧或者底部，再用青藤穿过编芯将芒草固定在花篮上。

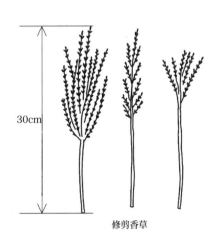

30cm

修剪香草

修剪香草

052 葛藤花环

→ 第 58 页　成品大小：花环直径为 23cm，小花篮直径 4cm，高 4cm

【材料】

葛藤（粗 5~7mm）……3m
木通
　竖芯（粗 2mm）……长 20cm，7 根
　编芯（粗 2mm）……长 2m
　提手（粗 3mm）……长 8cm，1 根
落叶松枝……4~5 根

橡果、松果、蔷薇果……各适量
落叶……数片
丝带……宽 8mm，长 80cm
花泥……长 4cm，宽 4cm，高 3cm
喷漆（金色）
胶水或者胶带

重点　选用弯曲或扭在一起的葛藤能够制作出形态各异的作品。制作木通花篮时，需要选用较细的藤蔓。

【制作方法】

1 制作圆环

将葛藤上下交错缠绕 4~5 圈之后，制成直径为 23cm 的圆环。

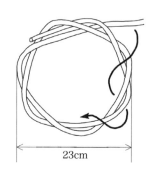

23cm

2 制作花篮

拿出 3 根竖芯横着摆放，再拿出 4 根竖芯竖着摆放，将编芯挽个圈挂在竖芯构成的十字上，缠绕 2 圈。将最后的一根竖芯剪去，用飞跃素编法编织 4cm。将花篮底面朝上，用素编法编至篮身高度达到 4cm 为止。篮口用锁纹固定法固定，将提手插入篮身两边。将花泥放入篮中，再将橡果、松果、蔷薇果用胶带均匀地固定在篮中，剪下 20cm 的丝带绑在提手上。

4cm

绑上丝带

插上提手　花泥

4cm

4cm

4cm

3 进行点缀

将剩下的丝带系在花环中央作为提手。按照图中所示，摆上松果，用胶水或者胶带将其固定住。用同样的方法将花篮固定在花环上。最后整体喷上喷漆即可。

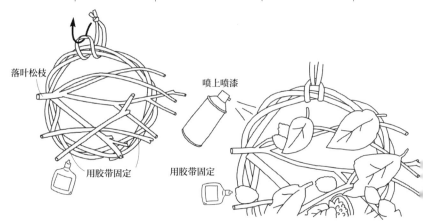

落叶松枝

用胶带固定

喷上喷漆

用胶带固定

053 土茯苓花篮

→ 第 59 页　成品大小：直径为 40cm，高 20cm

【材料】

土茯苓……500 克

 重点　土茯苓在颜色从绿色变成棕色的时期
是非常美丽的，所以要趁着这个时候
采摘。由于它的藤蔓比较坚硬，比起
用于编织，它更适合缠绕在一起做成
穗子进行点缀。

【制作方法】

1　用藤蔓制作基底

将去除叶片后的土茯苓藤蔓绕成环状，编织时要注意
篮身高度。

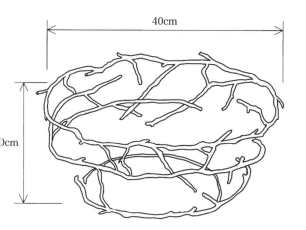

2　制作篮底

将较细的藤蔓横着编织成篮底。篮身用藤蔓竖着
编织。

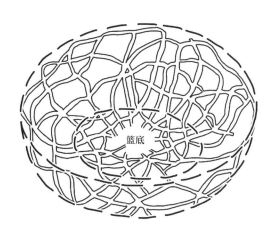

篮底

3　加入叶片

将还留有叶片的藤蔓以绕圆的形式缠绕在篮
子上方。

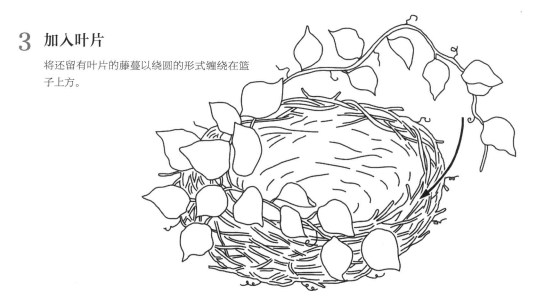

054 土茯苓水果篮

→ 第 60 页　成品大小：长 32cm，宽 20cm

【材料】

土茯苓
框架（粗 7mm）……长 90cm，1 根
竖芯（粗 7mm）……长 35cm，3 根
编芯（粗 2~7mm）……长 10m

木通（粗 1.5mm）……长 1m
花卉胶带
酒椰叶纤维（棕色）
小钉子……6 根

重点 由于土茯苓是非常坚硬的藤蔓，因此需要先将其在水中浸泡一周之后再使用。将框架用绳子定型，绑 5~6 天之后再编织的话它就不容易变回原来的形状了。

【制作方法】

1 制作框架

将制作框架用的土茯苓的两端斜着剪去 8cm，一点点地、慢慢地将修剪好的藤蔓绕成椭圆形环，用胶带缠绕后再用酒椰叶纤维紧紧缠绕将其固定住。

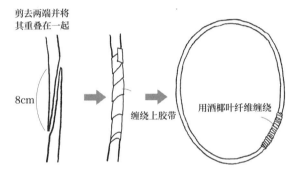

剪去两端并将其重叠在一起

8cm

缠绕上胶带

用酒椰叶纤维缠绕

2 用绳子固定框架形状

如图在框架的 3 处不同位置绑上绳子，放置 5~6 天。

用绳子固定框架形状

3 固定上 3 根竖芯

为了增加篮子的深度，将 2 根土茯苓竖芯弯折一些，按照先中央再两端的顺序将 3 根土茯苓竖芯钉在框架上，在此基础之上再将竖芯与框架的连接处用木通打上十字结遮挡住。

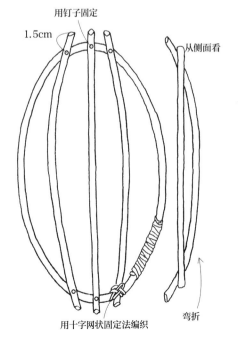

用钉子固定

1.5cm

从侧面看

用十字网状固定法编织

弯折

4 用素编法编织

从篮子两端开始用编芯进行素编，编织时将编芯留一部分在框架外面，剪去超出框架的多余的编芯。全部编完之后，再重新修剪一次。

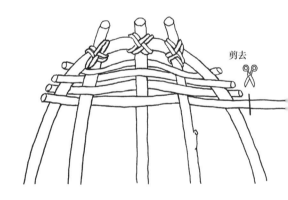

剪去

055 土茯苓面包筐

【材料】

土茯苓
　框架（粗5mm）……长95cm，2根
　缠绕在框架上的编芯（粗5mm）……长18cm，3根
　竖芯（粗5mm）……长42cm，9根
麻绳（粗5mm、自然色）……长4.5m
麻绳（粗2mm、绿色）……长4.5m
麻绳（粗2mm、自然色）……长2.5m

钢丝（2.6mm）
花卉胶带

 重点　先制作2个框架，在2个框架之间进行编织，最后编成平整的篮子。

【制作方法】

1　制作框架

将制作框架用的土茯苓的两端斜着剪去8cm，慢慢弯折土茯苓，并将修剪好的部分重叠在一起制成椭圆形圆环，用钢丝固定住后再用胶带缠绕。以同样的方法再制作一个椭圆形圆环。

2　固定住框架

如图所示，将一个框架用绳子绑住，对另一个框架拿出编芯后用钢丝固定住，2个框架都要放置约一周，再进行定型。

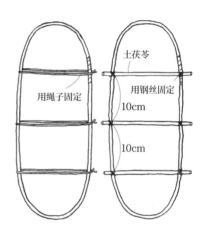

3　编织篮身

将5mm粗的麻绳挽个圈套在竖芯中间部分。将竖芯排开12cm长，用双绳编法编织。如图所示，从中心开始向①的方向编织7.5cm，用麻绳穿入篮子内部并打扣。同样，从中心开始向②的方向编织。将编好的两端用绿色的麻绳用双绳编法编织一圈。再将5mm粗的麻绳和绿色的麻绳缠绕在一起，以2根为一组，从与之前缠绕的一圈间隔2cm处开始编织，编织6cm。两侧以同样的方法进行编织。

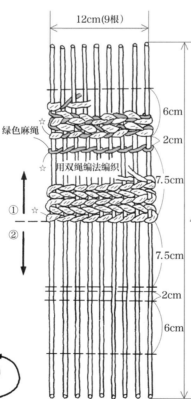

12cm（9根）

绿色麻绳

用双绳编法编织

6cm
2cm
7.5cm
7.5cm
2cm
6cm

①
②

42cm

4　对2个框架进行重叠

将步骤3中的框架放在另一个框架上面，将另一个框架上的绳子解掉，将2个框架重合在一起。将留在框架外侧的芯剪去。对重叠在一起的部分，用钢丝在6处位置进行固定，在钢丝上缠绕2mm粗的自然色绳。最后在框架两端缠绕上麻绳即可。

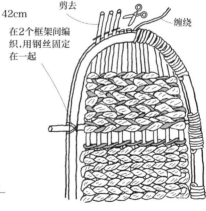

剪去
缠绕
在2个框架间编织，用钢丝固定在一起

☆
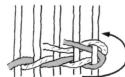

056 忍冬藤蔓灯罩

→ 第 62 页　成品大小：直径为 30cm，高 15cm

【材料】

忍冬藤蔓（粗 4~7mm）……长 5m
络石（粗 2mm）……约 100 克
黄栌……约 25 个
山桐子干叶片……8 片

酒椰叶纤维
钢丝（粗 2.6mm）
喷漆（金色）
胶带

 重点　使用的藤蔓的粗细以及形状不同，编织出来的篮子的大小也不尽相同，按照实际情况编织就可以了。为了调整好叶片的形状，要固定好 2 个接点。

【制作方法】

1 将藤蔓卷成稳定的形状

将忍冬藤蔓卷成半径为 30cm 的半球形，期间在任意位置用藤蔓搭出 5~6 个叶片形状的平面。将篮子放在桌面上，调整成稳定的形状。

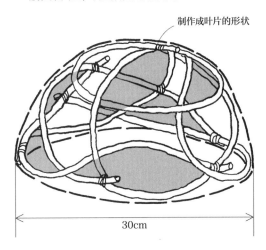

制作成叶片的形状

30cm

2 用钢丝固定接点

随即用钢丝绑住接点，再缠绕上酒椰叶纤维。

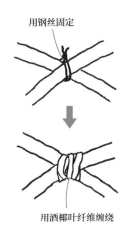

用钢丝固定

用酒椰叶纤维缠绕

3 用络石编织叶片形状的平面

用络石在叶片形状的平面两端各缠绕一圈，缠绕 2 次。然后反过来斜着缠绕在络石上，制成叶脉。

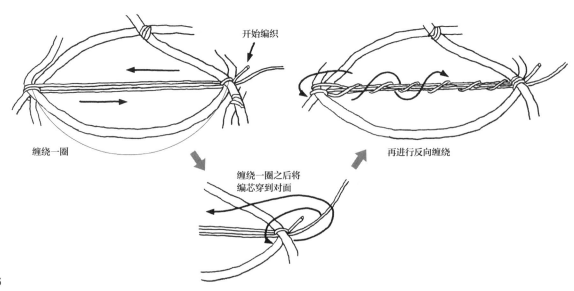

开始编织

缠绕一圈

缠绕一圈之后将编芯穿到对面

再进行反向缠绕

缠绕框架中心部位的藤蔓时应将络石上下方的忍冬藤蔓各缠绕一圈，不断重复此步骤直至忍冬藤蔓填满叶片框架为止。编完之后，将编芯穿入内侧固定住。剩下的叶片形状的平面也用同样的方法编织。

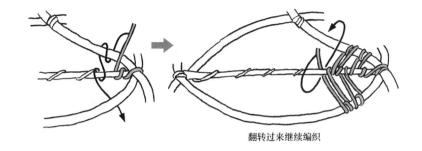

翻转过来继续编织

4 喷上喷漆

轻轻喷上喷漆。

给整个篮子喷上喷漆

15cm

30cm

5 装饰篮子

将只保留 4~5cm 茎的黄栌均匀地插在步骤 1 制成的半球形的上方。给山桐子干叶片喷上喷漆之后，用胶带将其紧紧地固定在篮子上。

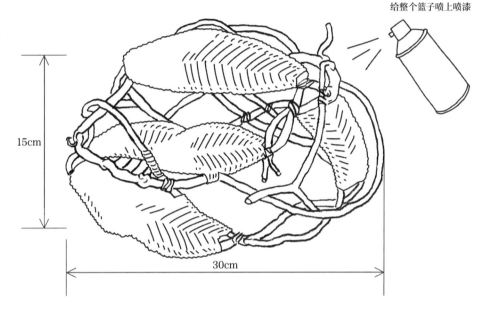

黄栌

插入

4~5cm

给山桐子干叶片喷上喷漆

用胶带均匀贴上

057 忍冬藤蔓花篮

→第 63 页　成品大小：长 42cm，宽 40cm，高 15cm（包含提手高 29cm）

【材料】

忍冬藤蔓
| 框架（粗 8~10mm）……长约 1.6m，2 根；长 80cm，1 根
| 编芯（粗 1~10mm）……约 600 克
| 提手（粗 10mm）……约 90cm
忍冬藤蔓皮……少许
钢丝（粗 2.6mm）

重点　编织时采用较粗的藤蔓制成结实的框架，再使用乱编法编织篮身。编织时应注意忍冬藤蔓自身的弯曲特点。

【制作方法】

1 制作框架

将制作框架使用的约 1.6m 长的藤蔓制成宽 40cm，长 45cm 的椭圆形环。用同样的方法再制作一个相同大小的椭圆形环。如图，在确保篮口的直径足够大的情况下，将接点用钢丝暂时固定住。

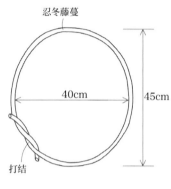

忍冬藤蔓

40cm

45cm

打结

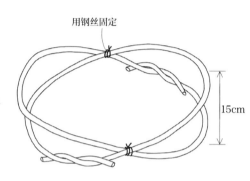

用钢丝固定

15cm

2 在框架正中间加入藤蔓

如图，将制作框架所用的 80cm 长的藤蔓放入框架正中间，并用钢丝固定。

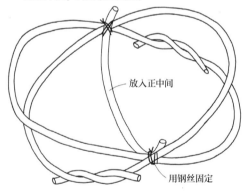

放入正中间

用钢丝固定

3 乱编

用 1~2 根稍粗的编芯在框架下方来回地横着缠绕。将编芯随机缠绕在篮口，并加入细藤蔓，采用乱编法继续编织。

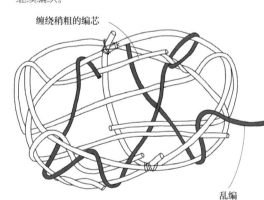

缠绕稍粗的编芯

乱编

4 装上提手

用钢丝将提手固定在篮子两侧的中间部分，在此基础上用忍冬藤蔓皮用十字网状固定法缠绕 2~3 圈，进行点缀。

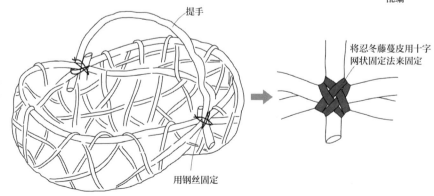

提手

将忍冬藤蔓皮用十字网状固定法来固定

用钢丝固定

058 "万能"手提篮

→ 第64页 成品大小：长30cm，宽23cm，高16cm（包含提手高30cm）

【材料】

垂柳柳枝

框架（粗6~8mm）……长90cm，2根
竖芯（粗4~5mm）……长50cm，10根
编芯（粗2~3mm）……约500克

竹皮（粗约3.6mm）
……长3m
防水胶带
钢丝（粗2.6mm）
麻绳

重点 "万能"手提篮是首先用较粗的枝条制成框架，再用较细的枝条缠绕编织出来的篮子。制作时所用到的竹皮可以在手工艺品店购入。

【制作方法】

1 制作框架

将制作框架用的枝条的两端斜着剪去5cm，将截面重合起来绕成环，用钢丝分3处缠绕固定好，再用胶带缠绕以隐藏钢丝。按照上述步骤再制作一个椭圆形环。

将2根麻绳交叉绑在框架上，放置4~5天定型。竖芯也要匹配框架的弯曲程度来定型。

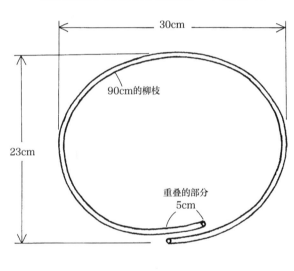

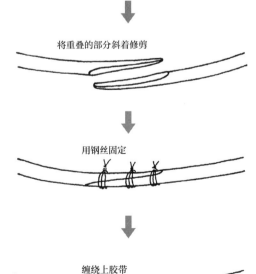

将重叠的部分斜着修剪

用钢丝固定

缠绕上胶带

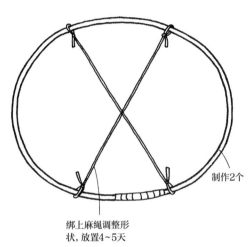

绑上麻绳调整形状，放置4~5天

制作2个

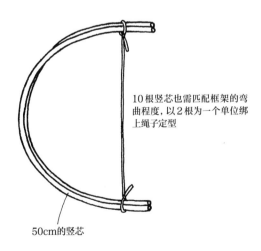

10根竖芯也需匹配框架的弯曲程度，以2根为一个单位绑上绳子定型

50cm的竖芯

2 采用小升编法

如图，将2个椭圆形环组装在一起，接点暂时用钢丝固定住。再用皮藤在其上打上小升结，去掉钢丝。另一面也用同样的方法固定住。

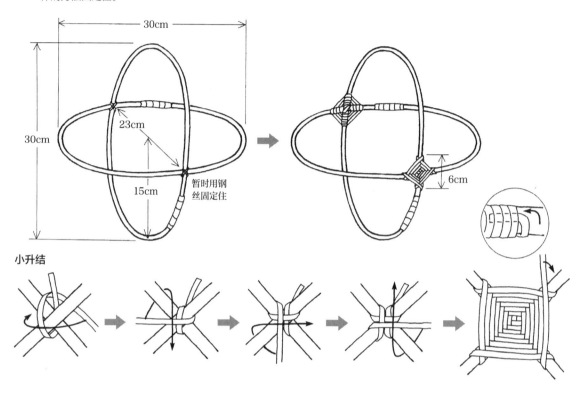

小升结

3 插入竖芯后开始编织

将竖芯的一端斜着剪去一截并插入小升结的内部。按照框架的弯曲程度，调整竖芯的长度，将竖芯的另一端斜着修剪过后，反向插入小升结的另一边。用柔软的编芯在A的边缘缠绕一圈之后，用素编法在B的边缘缠绕一圈之后再反向编织。编织约2cm之后，对另一面也用同样的方法编织。编织时如果编芯干了，喷上水润湿之后再继续编织。

中途添加补芯的话，在竖芯处交接

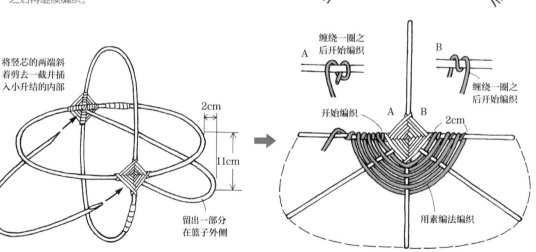

将竖芯的两端斜着剪去一截并插入小升结的内部

2cm

11cm

留出一部分在篮子外侧

缠绕一圈之后开始编织

A

B

缠绕一圈之后开始编织

开始编织

A B

2cm

用素编法编织

4 加入竖芯

将两侧的8根竖芯斜着剪去一截，按照框架的走向插入用素编法编好的部分。编芯
不用缠绕在框架边缘，直接用素编法继续编织。如果编织的部分开始歪斜，则将编
芯缠绕在篮子边缘进行调整。

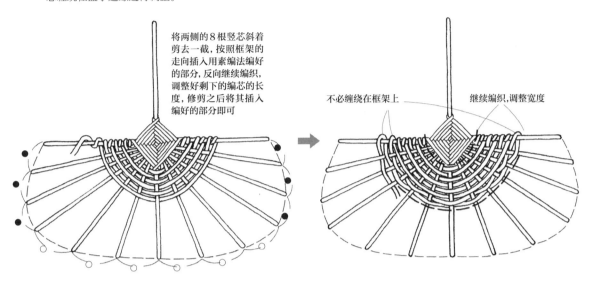

将两侧的8根竖芯斜着
剪去一截，按照框架的
走向插入用素编法编好
的部分，反向继续编织，
调整好剩下的编芯的长
度，修剪之后将其插入
编好的部分即可

不必缠绕在框架上

继续编织，调整宽度

5 反向继续编织

平行着从篮子的两端向中间编织下去，将两端编织到在篮底的中间部分汇合。

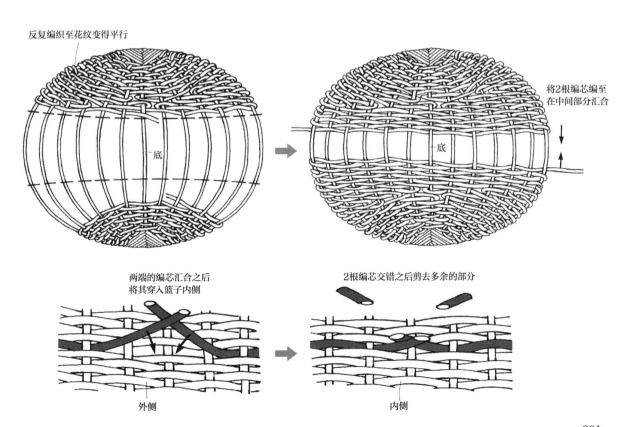

反复编织至花纹变得平行

底

底

将2根编芯编至
在中间部分汇合

两端的编芯汇合之后
将其穿入篮子内侧

2根编芯交错之后剪去多余的部分

外侧

内侧

059 纸巾手提篮

→第66页　成品大小：长35cm，宽18cm，高9cm（包含提手高20cm）

【材料】

垂柳柳枝
框架（粗5mm）……长90cm，1根；长45cm，1根
竖芯（粗3~4mm）……45cm、40cm、35cm、30cm，各2根
编芯（粗2~3mm）……300克
玉米皮（干燥）……200克

扶桑……50克
钢丝（粗2.6mm）
防水胶带
麻绳

【制作方法】

重点 将干燥后的玉米皮用扶桑染色，玉米皮会拥有漂亮的颜色。可以用三绳编法将其紧紧地编织在一起。

1 给玉米皮染色

在锅中煮好黏稠的扶桑汁，将干燥的玉米皮放入锅中煮3~4小时，等玉米皮染上色之后再将其晾干。

2 将3股玉米皮编在一起

将玉米皮的头部和根部剪去。可以按照不同的用途，有选择地编织图中所示的4种三股绳。若玉米皮不够长的话，叠上新的玉米皮，将玉米皮从两侧向中间折叠固定好再编织。

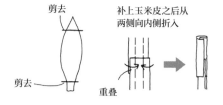
剪去　补上玉米皮之后从两侧向内侧折入
剪去　重叠

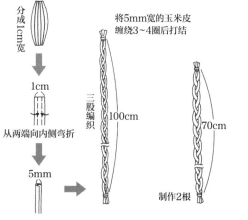

a 小升结
将1cm宽的玉米皮从两侧向内侧折叠成5mm宽的小条，拿出3根小条编成三股绳，制作2条三股绳

b 框架边缘
用和a中制作小升结时同样的方法，将1cm宽的玉米皮制作成2根70cm长的三股绳

c 篮身装饰
将2cm宽的玉米皮折成8mm宽的小条，编织制成2根120cm长的三股绳

d 提手
将2cm宽的玉米皮用和c中制作篮身装饰同样的方法编成三股绳，再将4根同样的三股绳编在一起，制成40cm长的提手

3 制作框架

将制作框架用的90cm长的藤蔓的尖端斜着剪去5cm，将修剪完的部分重叠在一起，固定住并制成椭圆形环，用钢丝固定住之后再用胶带缠绕起来。将2根麻绳交叉绑在一起，放置4~5天使其定型。和竖芯一样，45cm长的用于制作框架的垂柳柳枝也要匹配框架的弯曲程度来定型。

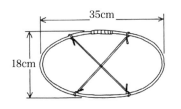
35cm
18cm

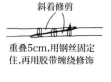
斜着修剪
重叠5cm，用钢丝固定住，再用胶带缠绕修饰

45cm长　45cm长的2根　40cm长的2根　35cm长的2根

30cm长的2根

绑上绳子定型放置4~5天

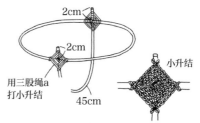

4 打上小升结

在框架的中间位置放上 45cm 长的半圆形框架，将一端留出 2cm，用钢丝固定住。再用三股绳 a 打小升结，然后解掉钢丝。在篮子另一面连接提手的地方也用同样的方法打上小升结。

2cm
2cm
用三股绳a
打小升结
45cm
小升结

5 插入竖芯后开始编织

将 45cm 长的编芯的一端斜着剪去一截，修剪后将其插入小升结内侧。在篮口下方 3cm 处继续插入修剪后的竖芯。用柔软的、较细的编芯在图所示的 A 的边缘缠绕一圈，再用素编法将编芯一直编织到图所示的 B 的边缘，将 B 的边缘缠绕一圈之后，反过来编织。在篮口挂上编芯后再用素编法在两侧提手与篮身连接处各编织 3cm。

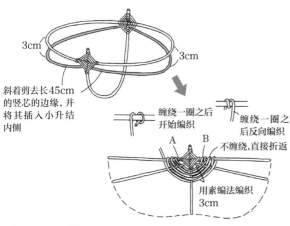

3cm
3cm
斜着剪去长45cm的竖芯的边缘，并将其插入小升结内侧
缠绕一圈之后开始编织
缠绕一圈之后反向编织
A B
不缠绕，直接折返
用素编法编织3cm

6 插入竖芯用素编法编入三股绳

将剩下的竖芯插入小升结内部，使其均匀排列。用三股绳编织法所制成的三股绳 c 编织 3cm。另一面也用同样的方法编织。

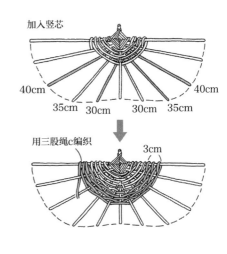

加入竖芯
40cm 40cm
35cm 30cm 30cm 35cm
用三股绳c编织
3cm

7 继续编织

平行着继续编织，加入柳枝编织约 10cm。

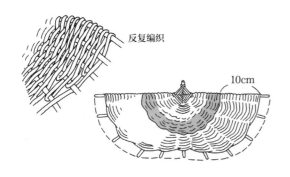

反复编织
10cm

8 将框架边缘用三绳编法缠绕

将框架两侧用三股绳 b 缠绕 5cm。将编芯缠绕在框架下面的竖芯上反复编织，制作出篮子的内部空间。另一面也用同样的方法编织。

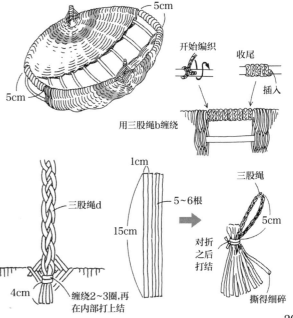

5cm
5cm
开始编织
收尾
插入
用三股绳b缠绕

9 装上提手和穗子

将三股绳 d 用钢丝暂时固定在小升结的外侧。将 3mm 宽的玉米皮缠绕小升结 2~3 圈后固定在小升结上，再去掉钢丝。将 15cm 长的玉米皮分成多个 1cm 宽的小条，拿出 5~6 根小条绑在一起后对折，在距其顶端 1cm 处用较细的藤蔓皮绑住。将玉米皮尖端撕成更细的小条，制成穗子。将编得较细的三股绳和穗子绑在一起，再将其挂在小升结的竖芯上。

三股绳d
15cm
4cm
缠绕2~3圈，再在内部打上结
1cm
5~6根
对折之后打结
三股绳
5cm
撕得细碎

060 迷你手提篮

→ 第 67 页　成品大小：长 19cm，宽 3cm，高 13cm（包含提手高 24cm）

【材料】

竹子

框架（粗 4~5mm）······长 70cm，2 根
竖芯（粗 3~4mm）······长 35cm，6 根；
长 20cm，2 根
装饰（粗约 4mm）······长 3cm，2 个

垂柳柳枝

编芯（粗 2mm）······200 克
皮藤（粗 3mm、棕色）······长约 2m
喷漆（金色）
防水胶带
钢丝（粗 2.6mm）

重点　这是用竹框架和竹竖芯制成的篮子。要将竹子用火烤一下，待其变软之后再将其弯折。

【制作方法】

1 制作框架

将用于制作框架的竹子在火上烤软。将其两端斜着剪去 5~6cm，切口部分弯折重合后弯成椭圆形环，用钢丝固定住，再缠上胶带。用同样的方法再制作一个椭圆形环。拿出 2 根麻绳交叉绑在椭圆形环上，放置 4~5 天以固定形状。竖芯也要匹配框架的弯曲程度来定型。

制作宽19cm，长24cm的椭圆形圆环

13cm

绑上绳子放置4~5天

缠上胶带

斜着剪去

用钢丝固定

重叠5~6cm

8根竖芯分为2~3根一组，用绳子绑住

※注意：用火烤一下竹子，然后将竹子弯折

2 打小升结

如图，将 2 个椭圆形圆环用钢丝暂时固定住。用皮藤打上小升结之后将钢丝解开。另一面也用同样的方法打上结。

打小升结

24cm

19cm

13cm

4cm

3 插入竖芯开始编织

将 35cm 长的竖芯的一端斜着剪去，将其均匀地插入小升结内部。按照框架的弯曲程度调整竖芯插入小升结的长度。拿出柔软的垂柳柳枝在小升结周围用素编法往返编织 2cm。另一面也用同样的方法继续编织。

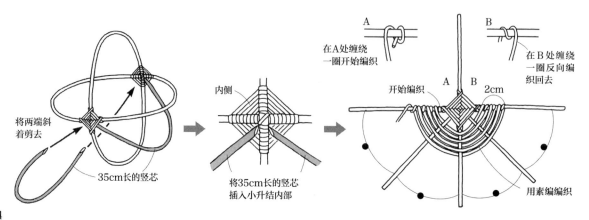

将两端斜着剪去

35cm长的竖芯

内侧

将35cm长的竖芯插入小升结内部

A　在A处缠绕一圈开始编织

B　在B处缠绕一圈反向编织回去

开始编织

2cm

用素编织

4 继续加入竖芯

拿出 4 根 35cm 长的竖芯，将一端斜着修剪之后，匹配框架的弯曲程度，将其插入小升结内部。用素编法编织 5cm 之后，再用喷了喷漆的垂柳柳枝反复编织。另一面也用同样的方法编织。

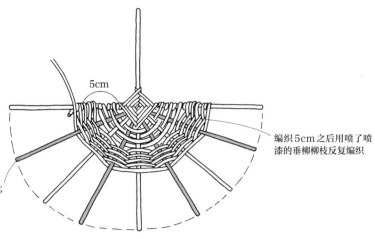

5cm

编织5cm之后用喷了喷漆的垂柳柳枝反复编织

编了2cm之后加入35cm长的竖芯

5 从篮子两端向篮底中心编织

反复编织平行花纹，编织 9cm。在篮底中心加入 2 根 20cm 长的竖芯，编至两端在中间汇合为止。

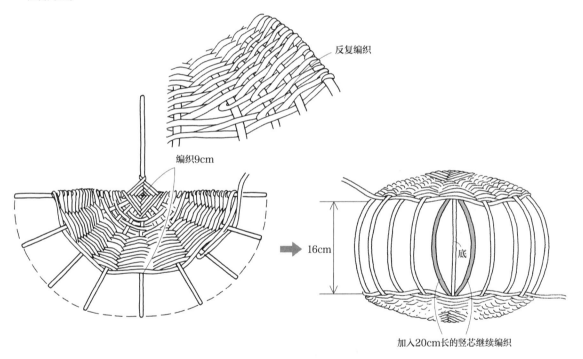

反复编织

编织9cm

16cm

底

加入20cm长的竖芯继续编织

6 加上装饰

将作为亮点的装饰用竹节插入小升结中心，用柔软的垂柳柳枝在上面打上十字结固定。

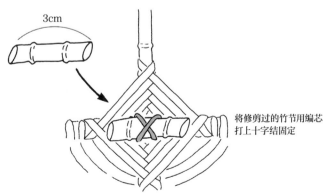

3cm

将修剪过的竹节用编芯打上十字结固定

061 野餐手提篮

→ 第68页　　成品大小：长35cm，宽30cm，高19cm（包含提手高35cm）

【材料】

篮子

尖叶紫柳或者垂柳柳枝
框架（粗8~10mm）……长1.2m，2根
竖芯（粗4~5mm）……长60cm，6根；长
40cm，6根
装在提手边上的芯（粗约3mm）……长55cm，2根
横着的棒状枝条（粗10mm）……长30cm，1根
垂柳柳枝
编芯（粗2mm）……650克（包括盖子）
皮藤（粗3.6mm）……长约3.5m
钢丝（粗2.6mm）
防水胶带
钉子

盖子

尖叶紫柳或者垂柳柳枝
框架（粗8~10mm）……长55cm，2根；
长30cm，2根
竖芯（粗4~5mm）……长40cm，6根
酒椰叶纤维（棕色）……长2m
防水胶带
钉子
麻绳

重点　这款篮子比一般的篮子要稍大一些并且配有盖子。重点在于盖子的形状要符合篮身的形状。不过，即便稍微有些歪斜也可以接受。

【制作方法】

1　制作框架

将制作框架用的1.2m长的枝条的两端斜着剪去5cm，将其弯折，使两端重合，将弯成椭圆形环的竹根用钢丝固定住，再缠上胶带。用同样的方法再制作一个椭圆形环。拿出2根麻绳交叉绑在椭圆形环上，放置4~5天来固定形状。竖芯也要匹配框架的弯曲程度来定型。

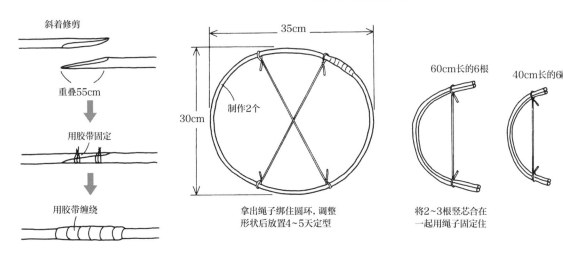

斜着修剪

重叠55cm

用胶带固定

用胶带缠绕

制作2个

拿出绳子绑住圆环，调整形状后放置4~5天定型

60cm长的6根

40cm长的6根

将2~3根竖芯合在一起用绳子固定住

如图，将竖芯摆在椭圆形框架外侧，接点处用钢丝暂时固定住。用皮藤打上小升结后解开钢丝。另一面也用同样的方法打上结。

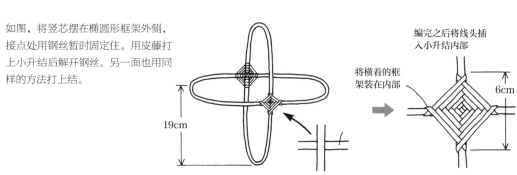

编完之后将线头插入小升结内部

将横着的框架装在内部

6cm

19cm

2 加工提手

将提手两边的竖芯的两端斜着剪去一截，再合并到提手上，用钉子钉住。将棒状枝条放到内侧框架上，调整到适当的长度后将多余的剪去，最后用钉子固定住。

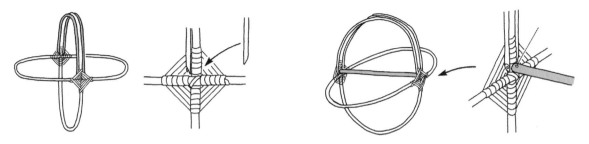

3 插入竖芯

将 2 根 60cm 长的竖芯按照图所示的间距插入小升结里。将剩下的竖芯以 2 根为一组均匀地插入小升结内。用编芯在图所示 A 的边缘缠绕一圈，再用素编法对图所示 B 的边缘进行编织，缠绕一圈之后再返回去编织。篮子边缘用编芯缠绕，两侧用素编法各编织 10cm。

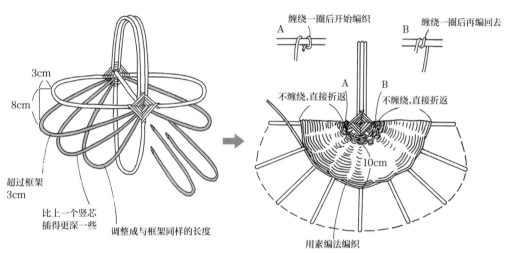

4 加入竖芯编织

若竖芯间隔变大了的话，在注意整体协调性的前提下，应将 40cm 长的竖芯修剪之后插入孔。平行着从两端向中间编织下去，在篮底的中间部分汇合。

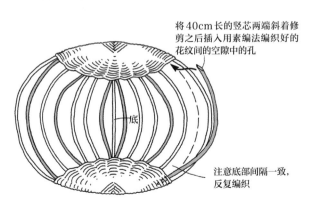

5 缠绕提手根部

用皮藤缠绕提手根部，缠绕 4cm，将其固定住即可。

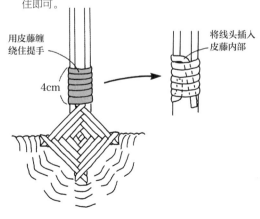

207

【 盖子的制作、安装方法 】

1 制作框架

将 55cm 长的制作框架时用的尖叶紫柳或者垂柳柳枝按照篮身的弯曲程度用绳子绑住，放置 4~5 天定型。将 30cm 长的竖芯修剪之后放入框架之间，从框架外部钉上钉子，将其固定住。用酒椰叶纤维横着绕竖芯一圈之后，再将其斜着缠绕在横着的芯上。用同样的方法再制作一个框架。

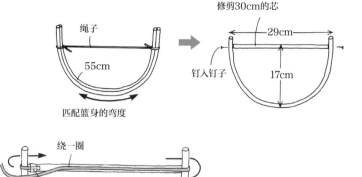

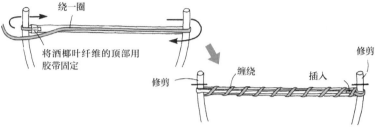

2 在框架内放入竖芯

斜着修剪完 6 根竖芯的两端后，从内部将其钉在框架上，再用胶带缠绕修饰。

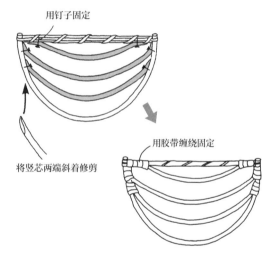

3 用素编法从两侧开始编织

用编芯缠绕弯曲的竖芯 8~10 圈，到第三根竖芯为止，反过来用素编法继续编织。等到花纹变得平行之后，反复编织，直至两端在框架中间部分汇合。

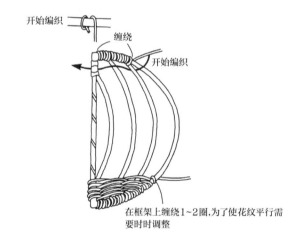

4 安装盖子

将盖子放在篮身上，任意选择 2 处，用皮藤缠绕从而将篮子中间的棒状枝条和两边盖子上的框架固定住。用皮藤进行十字缠绕来固定篮子中间的棒状枝条，在此基础之上再缠绕 2 圈即可。

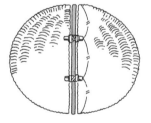

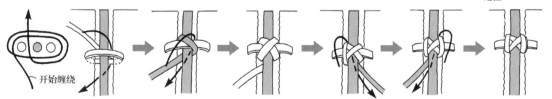

062 柳枝餐用篮

→ 第 69 页 成品大小：直径为 25cm，高 13cm

【材料】

垂柳柳枝……约 300 克
木通（粗 2mm）……长约 3m

重点 这是将枝条随意拢在一起，结合木通用
一落编法粗略编织出的篮子。由于放置
了一年的柳枝容易被折断，所以应该先
将其在水中浸泡约一周之后再使用。

【制作方法】

1 绕环开始编织

将数根柳枝绑在一起，大约达到 1cm 粗之后，将
其绕成圆环，再卷一圈。在圆环中间穿过木通，每
圈间隔 1cm，用一落编法编织。

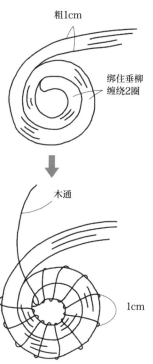

2 编织间隔较大的一落编法

慢慢扩大孔的间距，用一落编法编至圆环的直径达
到 18cm 为止。

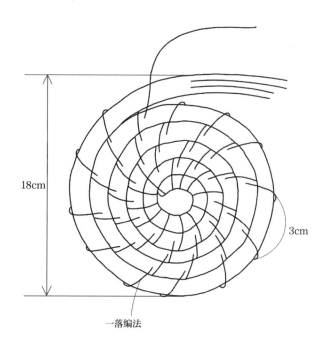

3 向上编织

将底面翻转过来向上编织，孔间距控制在 4~5cm，粗略地继续编织。
编至篮身高度达到 13cm 之后，将木通穿入篮子内部固定住即可。

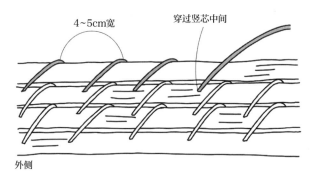

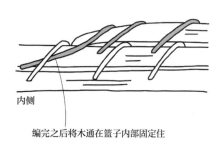

063 香料篮

→ 第70页　成品大小：长15cm，宽90cm

【材料】

框架

Y形枝条（粗10mm）……长90cm，1根

横杆（粗8mm）……长15cm，1根；长12cm，1根

垂柳柳枝（粗2mm）……2m

钢丝（粗2.6mm）

图钉

【制作方法】

将Y形枝条的前端交叉在一起，用钢丝固定住之后，
用柳枝缠绕2cm。按照枝条的弯曲程度用柳枝打上十
字结，将其固定住。

重点　使用Y形枝条和2根横枝制作框架时，横枝位置不同，框架的大小也会相应地发生变化。篮子上的枝条要用图钉来固定。

用钢丝固定住，再用柳枝缠绕住

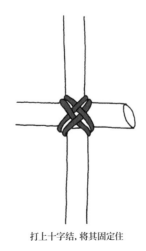

打上十字结，将其固定住

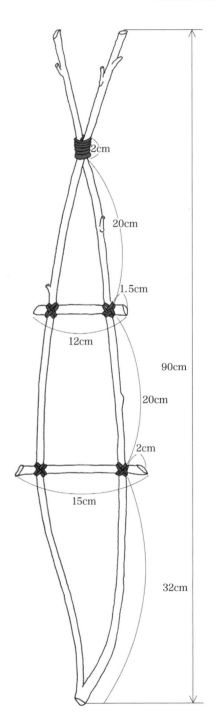

2cm

20cm

1.5cm

12cm

90cm

20cm

2cm

15cm

32cm

最上面的篮子 成品大小: 直径为 9cm, 高 11cm

【材料】

垂柳柳枝

竖芯（粗 2~3mm）……长 35cm, 6 根
补芯（粗 2~3mm）……长 12cm, 12 根
编芯（粗 2mm）……约 50 克

重点 整体编完之后要用手将篮子的背后压平整, 这样比较方便挂在框架上。

【制作方法】

1 分芯

拿出 3 根竖芯, 在中间位置打上孔, 将剩下的 3 根竖芯一起穿过洞孔, 对齐横竖 6 根竖芯的中心。将编芯挽个圈挂在竖芯上, 用双绳编法缠绕 2 圈。将竖芯一根一根分开, 分别用编芯进行缠绕, 至圆盘直径达到 9cm 后保留一部分编芯。

2 翻过来向上编织

将圆盘底面朝上, 用双绳编法编织 2cm, 将编芯插在竖芯旁边并固定住。在竖芯旁边插入补芯。

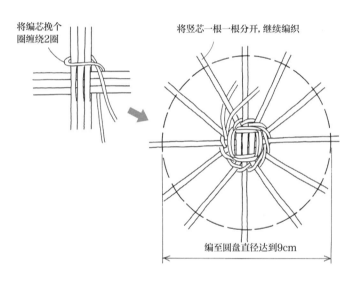

将编芯挽个圈缠绕 2 圈
将竖芯一根一根分开, 继续编织
编至圆盘直径达到 9cm

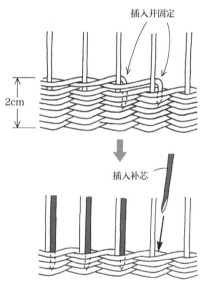

插入并固定
2cm
插入补芯

3 双绳矢来编法

将竖芯右侧的芯和图所示的 2 中左侧的芯作为一个单位, 在步骤 2 的位置向上数 6cm 处, 将编芯挽个圈挂在竖芯上扭转一次。以先 2 中的右芯再 4 中的左芯这样的顺序, 用双绳编法编织 2cm。编织结束之后, 将编芯插入竖芯旁边。竖芯保留 1cm, 将多余的剪去即可。

双绳矢来编法

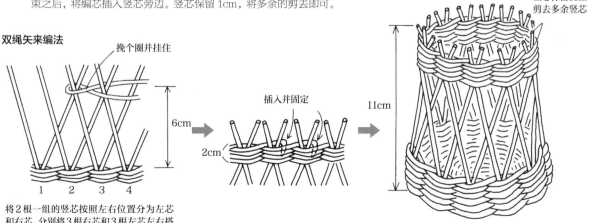

挽个圈并挂住

6cm

插入并固定
2cm

竖芯保留 1cm
剪去多余竖芯

11cm

1 2 3 4

将 2 根一组的竖芯按照左右位置分为左芯和右芯, 分别将 3 根右芯和 3 根左芯左右搭配交叉摆放在一起, 中间挂上编芯

中间的篮子　成品大小：长15cm，宽8cm，高10cm

【材料】

垂柳柳枝

竖芯（粗2~3mm）……长55cm，16根
横芯（粗2~3mm）……长65cm，2根
框架（粗2~3mm）……长45cm，2根
编芯（粗2mm）……50克

麻绳（粗2mm）……长1m
钢丝（粗2.6mm）

重点 用双绳编法编织的话，竖芯容易歪斜变形，所以要注意应经常调整形状。

【制作方法】

1 用双绳编法固定竖芯

竖芯以2根为一组，用编芯挽个圈，将其挂在竖芯正中间，并以每间隔1.5cm为一组，将其分成8组，用双绳编法连接在一起。

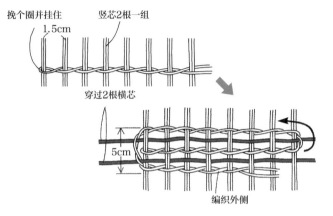

挽个圈并挂住
1.5cm
竖芯2根一组
穿过2根横芯
5cm
编织外侧

2 翻过来向上编织

使其底面朝上，继续向上编织，此时2根一组的横芯变为竖芯。用双绳编法编至篮身高度达到4cm为止，将横芯头插入篮身以固定。

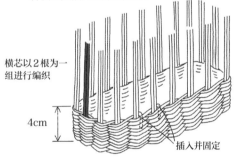

横芯以2根为一组进行编织
4cm
插入并固定

3 双绳矢来编法

将竖芯右侧的芯和图所示的2中左侧的芯作为一个单位，在步骤2处向上数4cm处，将编芯挽个圈后挂在竖芯上扭转一次。以先2右芯再4左芯这样的顺序用双绳编法编织2cm。编织结束之后，将编芯头插入竖芯旁边固定。

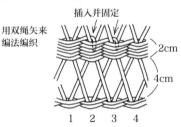

用双绳矢来编法编织
插入并固定
2cm
4cm
1　2　3　4

4 装上框架

将框架弯成半月形，再在框架内部放入第二个框架，并用钢丝在4~5处位置进行固定。把竖芯夹在框架之间，将多余的部分剪去，再用麻绳倾斜着紧紧缠绕，最后解开钢丝。

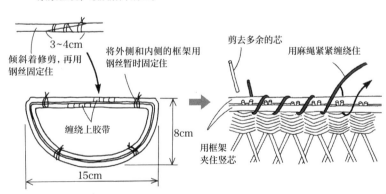

3~4cm
倾斜着修剪，再用钢丝固定住
将外侧和内侧的框架用钢丝暂时固定住
缠绕上胶带
8cm
15cm
剪去多余的芯
用麻绳紧紧缠绕住
用框架夹住竖芯

5 装上穗子

将麻绳插入篮子内侧，打上结固定住。

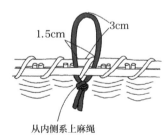

1.5cm
3cm
从内侧系上麻绳

最下面的篮子 成品大小: 长 17cm, 宽 23cm

【材料】

垂柳柳枝

框架（粗 2~3mm ）……长 4.5m

编芯（粗 2mm ）……50 克

重点 在制作时要选择柔软的垂柳柳枝进行乱编。

【制作方法】

1 制作框架

将用于制作框架的柳枝围成规格为长 23cm，宽 17cm 的椭圆形环，缠绕几圈直到框架粗为 1cm 为止。

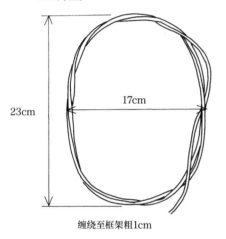

缠绕至框架粗1cm

2 制作袋口

如图所示，将柳枝从 A 绕到 B，缠绕 3~4 圈。再将用于制作框架的柳枝弯成半月形（图中的 C 枝条），也用柳枝来回缠绕。

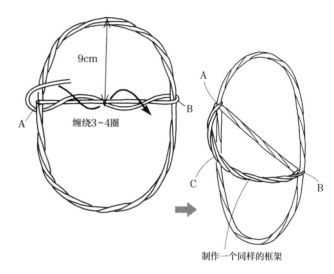

制作一个同样的框架

3 乱编

内袋的部分是用编芯向各个方向出发编织的，缠绕内袋的边缘，用乱编法编织。

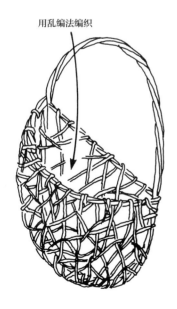

用乱编法编织

4 收尾

对于框架的提手和边缘，用编芯缠绕成十字进行装饰。

反向缠绕十字

064 水果手提篮

→ 第71页 成品大小：长29cm，宽26cm，高9cm（包含提手高40cm）

【材料】

垂柳柳枝

竖芯（粗4~5mm）……长35cm，10根

补芯（粗2mm）……长35cm，80根

编芯（粗2mm）……200克

提手（粗6~8mm）……长90cm，1根

【制作方法】

重点 分芯时，增加其中一边竖芯的根数，用材料先制作一个椭圆形环。用三组固定法编织边缘时要选择柔软的柳枝作为竖芯。除此之外，先将材料在水中浸泡一晚再编织的话就不容易折断。

1 分芯

拿出4根竖芯，在中间位置打上孔，将剩下的竖芯穿过洞孔，对齐横竖芯的中心。将编芯挽个圈后挂在竖芯上，用双绳编法缠绕2圈。将竖芯以2根为一组缠绕至直径为8cm。再将竖芯一根一根地分开，编至篮子长的一侧达到29cm为止。剪去多余竖芯，只保留一部分编芯。

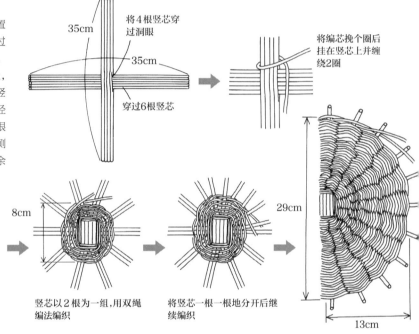

35cm

35cm

将4根竖芯穿过洞眼

穿过6根竖芯

将编芯挽个圈后挂在竖芯上并缠绕2圈

8cm

竖芯以2根为一组，用双绳编法编织

将竖芯一根一根地分开后继续编织

29cm

13cm

2 插入补芯向上编织

在竖芯两边各插入2根补芯。将底面翻转过来，在竖芯边缘用坚硬的工具压出折痕，用双绳编法向上编织2cm。将编芯插入竖芯旁边进行固定。

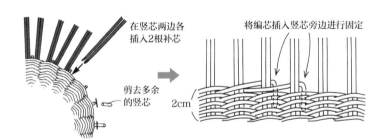

在竖芯两边各插入2根补芯

剪去多余的竖芯

将编芯插入竖芯旁边进行固定

2cm

3 编成山形

在篮底较长的那端（31cm）中间，将编芯以4根为一组用素编法编织。在竖芯内侧，编芯编一圈要修剪一次，编至山形中间的高度达到8cm为止，再用双绳编法编织1cm。

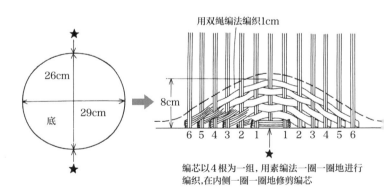

26cm

29cm

底

用双绳编法编织1cm

8cm

6 5 4 3 2 1 1 2 3 4 5 6

编芯以4根为一组，用素编法一圈一圈地进行编织，在内侧一圈一圈地修剪编芯

4 用三组固定法固定

如图所示，竖芯以2根为一组，用三组固定法来固定（参考第122页）。剪去多余的竖芯。

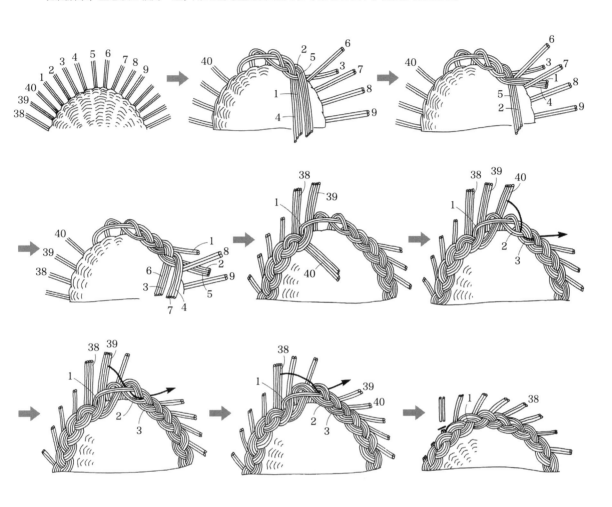

5 装上提手

使制作提手的枝条匹配篮子的弯曲程度，绑上绳子后放置1~2天定型。将提手放在篮子外侧，用柔软的柳枝采用十字网状固定法固定。

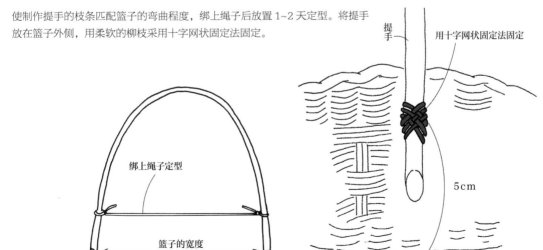

065 大型托盘

→ 第 72 页　成品大小：长 38cm，宽 46cm，高 4cm

【材料】

立柳柳枝

框架（粗 4~6mm）……长 150cm，2 根
竖芯（粗 3~4mm）……长 50cm，8 根
编芯（粗 3~6mm）……长 25~48cm，约 80 根
提手枝条（粗约 15mm）……长 21cm，2 根
木通（粗 2mm）……8m
防水胶带

钢丝（粗 2.6mm）
钉子
胶带

重点　这是一个使用立柳、水杨这类较粗且直的材料制成的篮子。制作时加入其他植物的枝条可以增加趣味性。框架则应选用木通这类能够牢牢固定住的结实的材料。

【制作方法】

1 制作框架

将制作框架用的柳枝的两端斜着剪去 7~8cm，将修剪完的部分重合在一起，绕成椭圆形环之后用钢丝固定住，再用胶带缠绕修饰。用 2 根绳子来固定形状，放置 4~5 天定型。用同样的方法再制作一个椭圆形环。

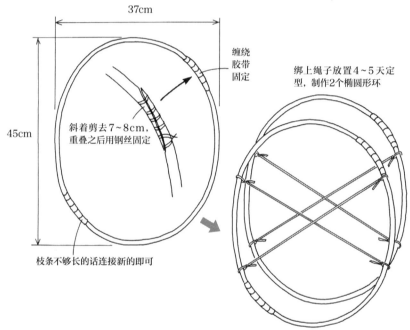

37cm

缠绕胶带固定

斜着剪去 7~8cm，重叠之后用钢丝固定

45cm

枝条不够长的话连接新的即可

绑上绳子放置 4~5 天定型，制作 2 个椭圆形环

2 加入竖芯

竖芯以 4 根为一组，需匹配框架的弯曲程度，用绳子绑住竖芯，使其定型。每组竖芯两端各伸出框架 1.5cm，用钉子固定住。

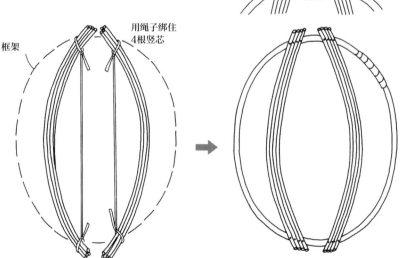

框架

用绳子绑住 4 根竖芯

1.5cm

5cm

将放在框架上的竖芯用钉子固定住

3 用素编法加入编芯

编芯两端伸出框架各保留 1.5cm，将多余的编芯剪去，一根一根
地用素编法编织固定。这个时候，竖芯以 4 根为一组。

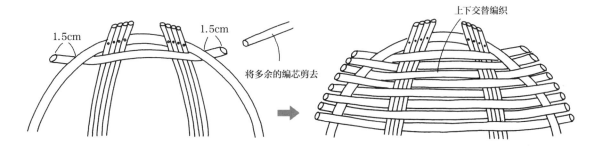

1.5cm　　　　　　1.5cm

将多余的编芯剪去

上下交替编织

4 放上框架

在此基础上放上另一个框架，用钢丝在多处进行固定，再用木通上下
穿过每一根编芯的间隙固定住框架。将先前保留的编芯，按照框架的
轮廓剪去多余的部分，最后解开钢丝。

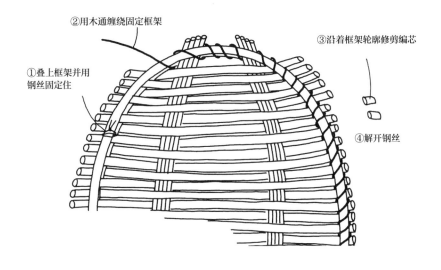

②用木通缠绕固定框架

③沿着框架轮廓修剪编芯

①叠上框架并用
钢丝固定住

④解开钢丝

5 装上提手

将制作提手的枝条放在框架边上，用木
通固定住。

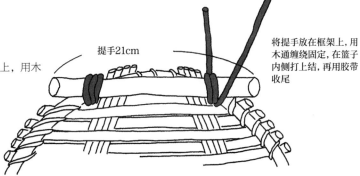

提手21cm

将提手放在框架上，用
木通缠绕固定，在篮子
内侧打上结，再用胶带
收尾

066 糖果盒

→ 第 72 页 成品大小：直径为 14cm，高 14cm

【材料】

篮子
垂柳柳枝
竖芯（粗 3mm）……长 14cm，6 根
补芯（粗 2~3mm）……长 16cm，24 根；
长 14cm，24 根
编芯（粗 2mm）……150 克
麻绳（粗 1.5mm）……长 2m
木通（粗 2~3mm）……长 1m
钢丝（粗 2.6mm）

盖子
垂柳柳枝
竖芯（粗 2~3mm）……长 28cm，6 根
补芯（粗 2~3mm）……长 13cm，12 根
编芯（粗 2mm）……100 克
提手（粗 13mm）……4cm
麻绳（粗 1.5mm）……1m
胶带

 重点 制作时竖芯要选择比编芯略粗的材料，这样才比较容易编织。编芯应尽量选择细一些的垂柳。

【制作方法】

1 分芯

拿出 3 根竖芯，在中间打上直径为 2cm 左右的洞，将剩下的竖芯穿过洞眼，横芯和竖芯的中心要对齐。

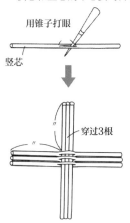

用锥子打眼

竖芯

穿过3根

2 用双绳编法开始编织

将编芯挽个圈后挂在竖芯上，用双绳编法缠绕 2 圈。将竖芯一根一根地分开编至圆盘直径达到 12cm 为止。剪去多余竖芯，编芯则维持现状。

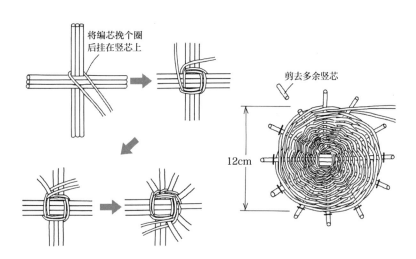

将编芯挽个圈后挂在竖芯上

剪去多余竖芯

12cm

3 在竖芯两边插入补芯

将 16cm 长的补芯插入竖芯两侧。

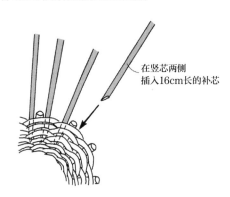

在竖芯两侧插入16cm长的补芯

4 翻过来向上编织

将圆盘底面朝上，在补芯边缘用硬物压出折痕之后向上编织。

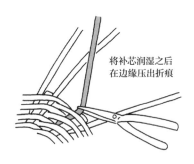

将补芯润湿之后在边缘压出折痕

5 用双绳编法继续编织

用双绳编法编织 3cm 之后，将编芯头插入竖芯旁边固定住。在竖芯边上插入长 14cm 的补芯，将其一根一根地分开，并用麻绳每圈上下间隔 1cm，以双绳编法编织 5 圈，完成后在内侧打结固定住。再拿出柳枝用双绳编法缠绕 2 圈并将其固定住。

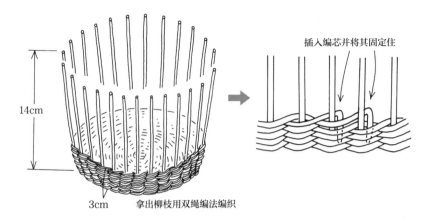

14cm

3cm　拿出柳枝用双绳编法编织

插入编芯并将其固定住

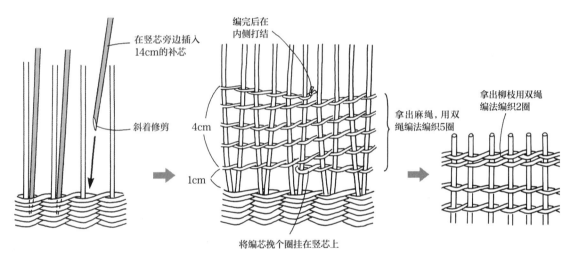

在竖芯旁边插入 14cm 的补芯

斜着修剪

编完后在内侧打结

4cm

1cm

将编芯挽个圈挂在竖芯上

拿出麻绳，用双绳编法编织5圈

拿出柳枝用双绳编法编织2圈

6 处理篮口

将木通放在篮子内侧，缠绕 2 圈后用钢丝暂时固定住。拿出编芯搭在篮口边缘，再解开钢丝。竖芯只保留比篮口高出 5mm 的部分，将多余的部分剪去。

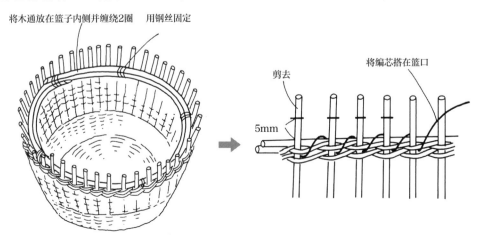

将木通放在篮子内侧并缠绕2圈　用钢丝固定

剪去

将编芯搭在篮口

5mm

1 分芯

拿出 3 根竖芯，在中间位置打上洞，将剩下的竖芯穿过洞孔，横竖 2 个方向的竖芯的中心要对齐。制作篮底时用双绳编法编至圆盘直径达到 6cm 为止。

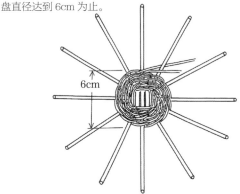

6cm

2 补芯

在竖芯旁边插入补芯。

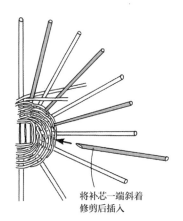

将补芯一端斜着修剪后插入

3 用双绳编法继续编织

每圈间隔 1cm，用双绳编法编织 4 圈。在此基础上再密密地编织 4 圈。

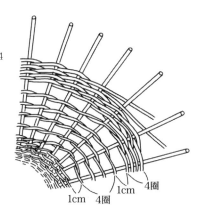

1cm 4圈
1cm 4圈

4 处理篮口

将编芯插入竖芯旁边固定住，竖芯只保留多出 3cm 的部分，剪去多余竖芯。拿出麻绳，用双绳编法将其固定在篮口处。

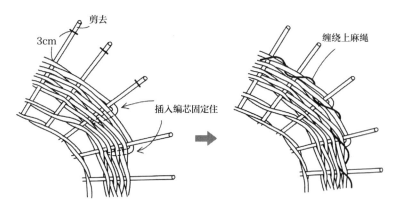

剪去

3cm

插入编芯固定住

缠绕上麻绳

5 装上提手

将制作提手时使用的柳枝放在盖子中央，用较细的编芯缠绕十字固定住。

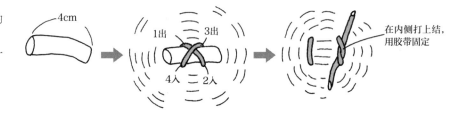

4cm

1出 3出
4入 2入

在内侧打上结，用胶带固定

067 杯垫

→ 第72页　成品大小：直径为10cm

【材料】

垂柳柳枝

竖芯（粗3mm）……长13cm，12根

编芯、边缘（粗2mm）……30克

钢丝（粗2.6mm）

重点 将竖芯用双绳编法紧紧地编在一起，要尽量编得平整一些。

【制作方法】

1 排列好竖芯用双绳编法编织

以2根竖芯为一组，均匀地排列开来，拿出编芯，从竖芯中部开始用双绳编法编织3cm，并将其固定住。编完之后，在此基础上，上下各间隔1cm用双绳编法编织2圈。

挽个圈挂在竖芯上

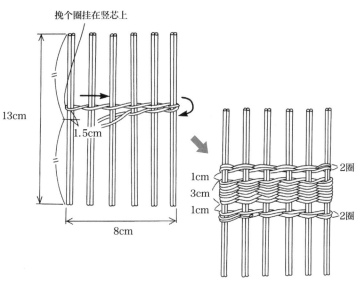

13cm

1.5cm

8cm

1cm

3cm

1cm

2圈

2圈

2 制作圆环

将3根制作篮口使用的枝条扭在一起，围成粗7~8mm、直径为10cm的圆环。

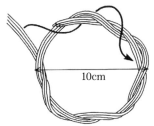

10cm

3 篮口收尾

在1上放上2，暂时用钢丝固定住。用柔软的编芯，在篮口和竖芯上缠绕十字。将竖芯沿着篮口的弯曲程度进行修剪，再解开钢丝。

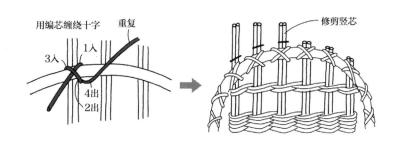

用编芯缠绕十字　重复

1入

3入

4出

2出

修剪竖芯

※制作另一个杯垫的竖芯用同样的方法排列，用双绳编法分2处编织2圈，最后安在篮口处，用相同的方法固定即可

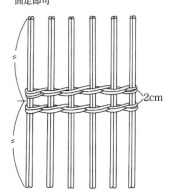

2cm

068 小型柳枝购物篮

→ 第 74 页　成品大小：长 22cm，宽 10cm，高 16cm（包含提手高 24cm）

【材料】

垂柳柳枝
| 编芯（长约 2m 的枝条）……6~7 根
木通
| 竖芯（粗 2.5mm）……长 70cm，10 根

补芯（粗 2.5mm）……长 25cm，31 根
编芯（粗 2.5mm）……150 克
提手（粗 5mm）……长 30cm，2 根
防水胶带

【制作方法】

重点 这是一个以木通作为竖芯，用较细的柳枝作为编芯而制成的小型购物篮。

1 用四角编法编织篮底

在桌面上以 2.5cm 的固定间隔铺开 10 根竖芯，在距离竖芯尖端 30cm 处贴上胶带固定。将木通编芯伸出竖芯左侧 30cm，用素编法继续编织。两端折返编织 3 次之后，保留编芯超出竖芯右侧 30cm 的部分，之后剪去多余部分。这部分累积编织约 10cm（有 4 根横着的编芯）。

解开胶带之后，在上下方用素编法各加入一根编芯（横着的编芯变为 5 根），左右各留下 30cm，剪去多余部分。接续芯时，在表面连接。

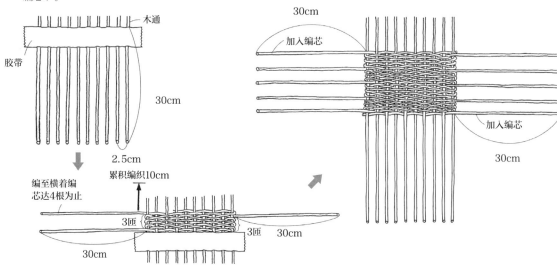

2 翻过来向上编织

将木通用三绳编法缠绕一圈，使底面朝上后，在竖芯边缘部分用硬物压出折痕，并向上编织 3 圈。

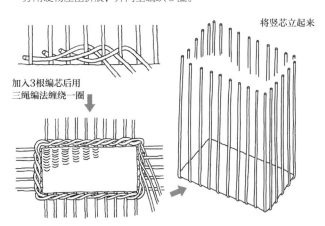

3 加入补芯，用柳枝继续编织

在竖芯旁边插入补芯，以 2 根为一组，再将柳枝用素编法编 3cm。

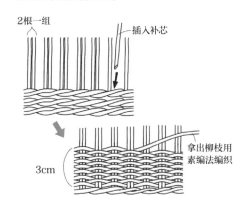

4 编织花纹

将2根为一组的右芯和其旁边那组的左芯作为一组，拿出柳枝用双绳编法缠绕一圈。在最后一根芯的旁边插入一根补芯，使竖芯根数成为奇数，继续用刚才的方法编织。以1.5cm的固定间隔编织6圈，将竖芯一根一根地分开后用素编法编织2cm，再用三绳编法编织2圈。

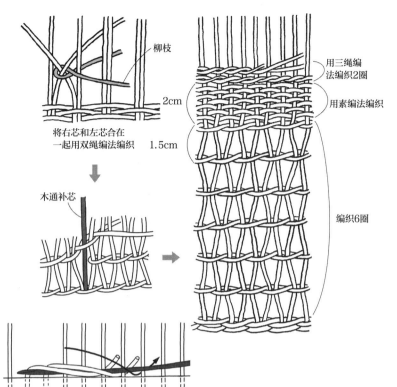

柳枝

2cm

将右芯和左芯合在一起用双绳编法编织   1.5cm

用三绳编法编织2圈

用素编法编织

木通补芯

编织6圈

5 篮口边缘用卷编法收尾

在篮口边缘的外侧放上一根木通编芯，将竖芯一根一根地拉倒并缠绕在其上固定住。

6 装上提手

将提手的两端斜着剪去一截，再将其插入竖芯之间。拿出木通编芯缠绕提手。

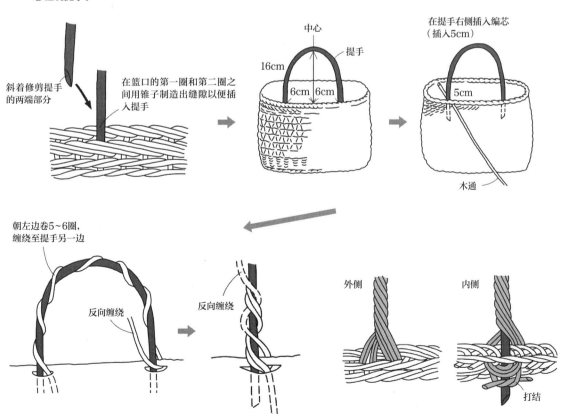

斜着修剪提手的两端部分

在篮口的第一圈和第二圈之间用锥子制造出缝隙以便插入提手

中心

提手

16cm

6cm 6cm

在提手右侧插入编芯（插入5cm）

5cm

木通

朝左边卷5~6圈，缠绕至提手另一边

反向缠绕

反向缠绕

外侧

内侧

打结

069 小型柳枝挎包

→ 第 76 页　成品大小：长 13cm，宽 18cm

【材料】

垂柳柳枝（粗 1.5~2mm）……40 克　　　　4 根棒针
绢丝（粗 0.5~1.5mm）……40 克　　　　　装订针

重点　以柳枝作为材料的篮底和以绢线作为材料的包袋部分要分开制作，最后组装在一起。随着柳枝数量的增加，应编织得更加自然。

【制作方法】

1 用柳枝编织篮子

拿出 3 根柳枝合在一起，在距柳枝一端 10cm 处将其弯折。将绢丝穿过针眼，从柳枝的弯折部分开始上下交替缠绕上绢丝。将柳枝弯折成 U 字形，从中间的空隙穿过针，再缠绕半圈。用一落编法继续编织，编至篮底足够大为止。将底面翻转向上，编至篮身高度达到 5cm 为止。编完之后将针穿入篮子内侧固定住。

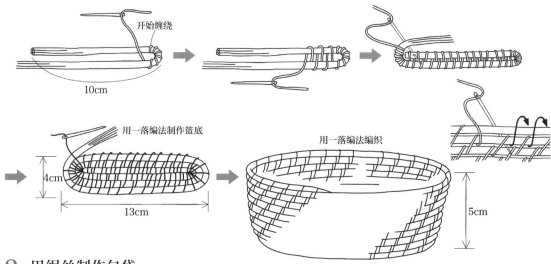

2 用绢丝制作包袋

用手指起针。如图，用手指将绢丝在 2 根棒针上缠绕 27cm（约 60 匝）。拔出其中一根棒针，将绕好的线圈分为三等分，分别用 3 根棒针穿过。按照三角形的轮廓一圈一圈地编织，再拿出一根棒针编织篮身，编织至篮身高度达到 2.5cm 为止，在反面再编织一圈。如图，编织时要一边编织，一边改变花纹之间的间距，最后用棒针收尾。

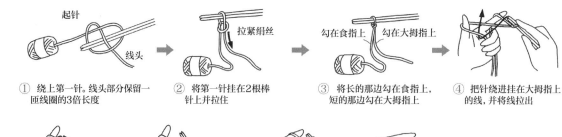

① 绕上第一针。线头部分保留一匝线圈的3倍长度

② 将第一针挂在2根棒针上并拉住

③ 将长的那边勾在食指上，短的那边勾在大拇指上

④ 把针绕进挂在大拇指上的线，并将线拉出

⑤ 将食指上的线挂在棒针上并将线拉出

⑥ 将针穿入大拇指上的线圈，再拉出来

⑦ 松开大拇指上的线

⑧ 再一次将短线头挂在大拇指上并拉住

⑨ 重复步骤④~⑧，挂上足够的线圈之后抽出其中一根针。第一阶段的任务完成

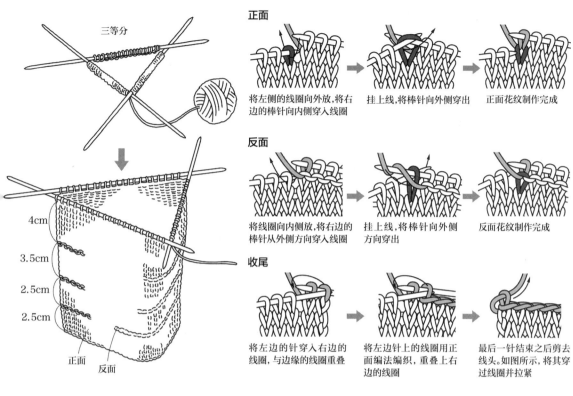

三等分

正面

将左侧的线圈向外放,将右边的棒针向内侧穿入线圈

挂上线,将棒针向外侧穿出

正面花纹制作完成

反面

将线圈向内侧放,将右边的棒针从外侧方向穿入线圈

挂上线,将棒针向外侧方向穿出

反面花纹制作完成

收尾

将左边的针穿入右边的线圈,与边缘的线圈重叠

将左边针上的线圈用正面编法编织,重叠上右边的线圈

最后一针结束之后剪去线头。如图所示,将其穿过线圈并拉紧

4cm
3.5cm
2.5cm
2.5cm

正面　反面

3　组装篮子和袋子

将篮子和袋子各预留 5mm 长度,以便使用线缝合固定。

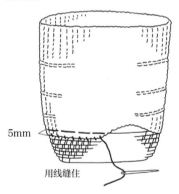

5mm

用线缝住

4　装上环链

将修剪成 20cm 长的柳枝插入篮身进行收尾的部分,缠绕 5~6 圈后制成直径约 2cm 的圆环。参照此方法以均等的间距制作 10 个圆环。

插入

将约20cm长的柳枝卷绕成圆环

2cm

以均等间距制作10个圆环

5　制作绳子

将 4 根 120cm 长的绢丝制成四股绳,穿过圆环后打结。

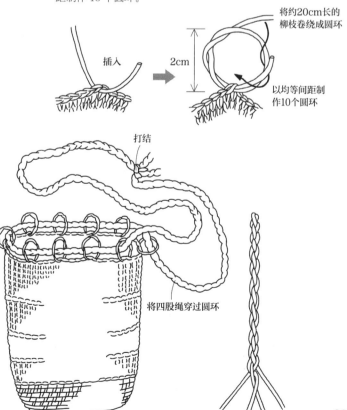

打结

将四股绳穿过圆环

070 胡桃手提篮

→ 第 77 页 成品大小：底部长 29cm，宽 17cm；篮口长 22cm，宽 10cm；高 17cm（包含提手高 24cm）

【材料】

柳枝

竖芯（粗 4~5mm）……长 32cm，6 根；
长 20cm，6 根
补芯（粗 2~3mm）……长 20cm，53 根
框架（粗 2~3mm）……长 2m
编芯（粗 2~3mm）……200 克

麻绳（粗 4mm）……长 28m
麻绳（粗 2mm）……长 5m
胡桃……8 个
胶带

 重点 在篮底制作完毕后加入补芯时，要多加入一根竖芯使其数量变为奇数，这是为了在使用三股绳编法来编织柳枝时不会混淆。

【制作方法】

1 分芯

用锥子在 20cm 长的竖芯中间位置打上洞，将 20cm 长的竖芯每根间隔 2cm 穿过 32cm 长的竖芯。

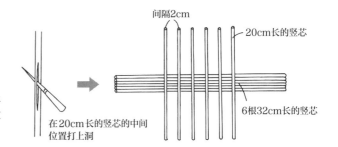

间隔2cm
20cm长的竖芯
在 20cm 长的竖芯的中间位置打上洞
6根32cm长的竖芯

2 用双绳编法继续编织

将编芯挽个圈挂在竖芯上，用双绳编法编织 2 圈。这个时候，将横着的竖芯作为一组一起编织。将横着的竖芯以 2 根为一组分开缠绕 3 圈，再将其一根一根地分开，编至篮底大小合适为止。剪去多余的竖芯。

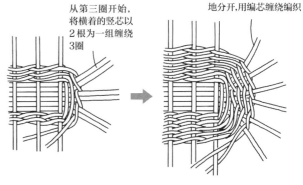

将编芯挽个圈后挂在竖芯上，用双绳编法编织2圈
6根一起编织

从第三圈开始，将横着的竖芯以 2 根为一组缠绕 3 圈

将横着的竖芯一根一根地分开，用编芯缠绕编织

3 补芯

如图，将补芯插入竖芯旁边。

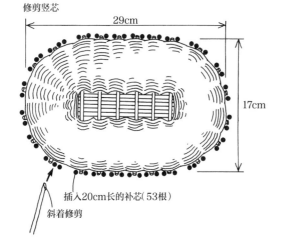

修剪竖芯
29cm
17cm
插入20cm长的补芯（53根）
斜着修剪

4 将底面翻过来，向上继续编织

使其底面朝上，将竖芯的边缘用硬物压出折痕，向上继续编织。这样编织 3cm 之后，将编芯插入篮身固定住。将竖芯一点一点地向内侧弯倒。拿出 4mm 粗的麻绳，用双绳编法编织 7cm。

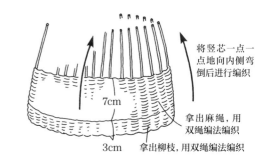

将竖芯一点一点地向内侧弯倒后进行编织
7cm
拿出麻绳，用双绳编法编织
3cm
拿出柳枝，用双绳编法编织

5 加入三股柳枝继续编织

将编芯制成约 1cm 宽的三股绳，再用素编法编织 2 圈。拿出 4mm 粗的麻绳，用双绳编法编织 3 圈，将最后的编芯用双绳编法缠绕 2 圈固定住。

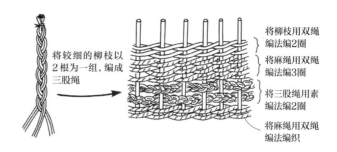

将较细的柳枝以 2 根为一组，编成三股绳

将柳枝用双绳编法编 2 圈
将麻绳用双绳编法编 3 圈
将三股绳用素编法编 2 圈
将麻绳用双绳编法编织

6 制作框架

拿出制作框架用的柳枝，上下缠绕 3~4 圈后，按照篮口大小将其围成椭圆形环。将竖芯插入框架，剪去多余部分。用 2mm 粗的麻绳在已经插入篮身的竖芯上一根一根地绑成十字固定住。

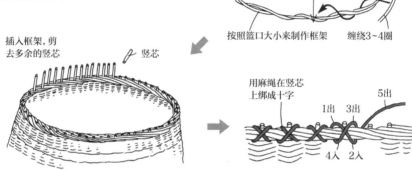

22cm

10cm

按照篮口大小来制作框架   缠绕 3~4 圈

插入框架，剪去多余的竖芯   竖芯

用麻绳在竖芯上绑成十字

5出
1出   3出
4入   2入

7 装上提手

拿出 4mm 粗的麻绳编成 45cm 长的四股绳，在其两端各保留 5cm，再用 2mm 粗的麻绳将其绑住。将两端散开从而制成穗子。用同样的方法再制作一根四股绳，用 2mm 粗的麻绳将其在距篮口 5cm 处固定住。

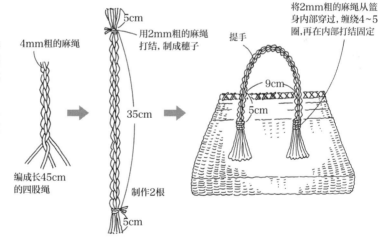

4mm 粗的麻绳

编成长 45cm 的四股绳

5cm
用 2mm 粗的麻绳打结，制成穗子
35cm
制作 2 根
5cm

提手

将 2mm 粗的麻绳从篮身内部穿过，缠绕 4~5 圈，再在内部打结固定

9cm
5cm

8 点缀

拿出锥子在胡桃底部打上洞，在 2mm 粗的麻绳一端沾上胶水后将其插入洞口，将另一个胡桃也用同样的方法连接在麻绳上。用相同的方法一共制作 4 根胡桃装饰，在提手两端各绑上 2 根胡桃装饰即可。

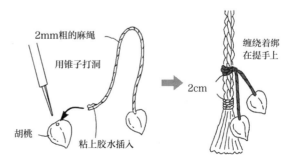

2mm 粗的麻绳

用锥子打洞

胡桃   粘上胶水插入

缠绕着绑在提手上

2cm

227

071 柳枝花篮

→ 第 78 页　成品大小：长 13cm，宽 16cm，高 8cm（包含提手高 16cm）

【材料】

垂柳柳枝

框架（粗 5~6mm）……长 50cm，2 根
竖芯（粗 3~4mm）……长 27cm，2 根；
长 25cm，2 根
编芯（粗 2~2.5mm）……长 15m

防水胶带

酒椰叶纤维
钢丝（2.6mm）
绳子

 重点　将用于制作框架的 2 个椭圆形环用绳子绑起来，放置 4~5 天使其定型，这样编织时不容易破坏它的形状。剩下的 4 根竖芯在定型之后也会比较容易编织。

【制作方法】

1　制作框架

将制作框架用的柳枝的两端斜着剪去 5cm，将修剪之后的部分重叠，并用胶带缠绕起来，再用酒椰叶纤维绑住。在椭圆形环上交叉绑上 2 根绳子，放置 4~5 天定型。用同样的方法再制作一个椭圆形环。竖芯要匹配框架的弯曲程度，将其绑住定型。

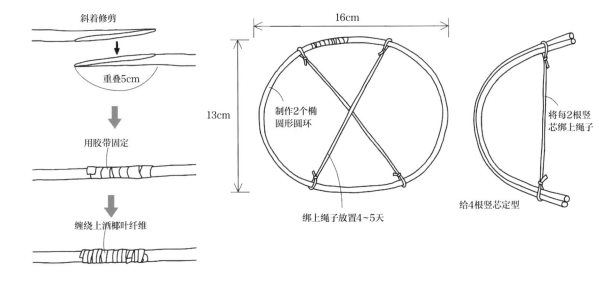

斜着修剪

重叠5cm

用胶带固定

缠绕上酒椰叶纤维

16cm

13cm

制作 2 个椭圆形圆环

绑上绳子放置 4~5 天

将每 2 根竖芯绑上绳子

给4根竖芯定型

2　打小升结

如图所示，将 2 个椭圆形环放在一起，用钢丝暂时固定住。拿着约 2mm 粗的编芯打上小升结。另一面也用同样的方法打上结。

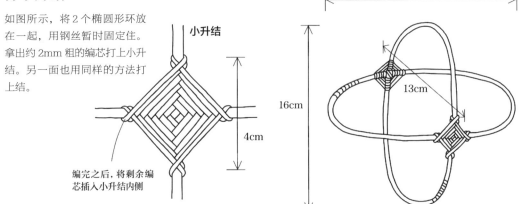

小升结

编完之后，将剩余编芯插入小升结内侧

4cm

16cm

16cm

13cm

3 插入竖芯开始编织

拿出 27cm 长的竖芯，斜着修剪其中一端，将修剪好的那端插入小升结内侧。按照框架的弯曲程度调整好竖芯的长度之后，斜着剪掉多余的竖芯，再将其插入另一面的小升结内侧。另一边的竖芯也按照同样的方法插入框架。拿出柔软的编芯，先在图所示的 A 的边缘缠绕一圈，再用素编法编至 B 的边缘，对边缘整体进行缠绕过后再反向编织回去。反复编织 2cm 之后，另一面也按照同样的方法继续编织。

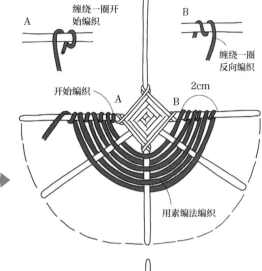

A 缠绕一圈开始编织

B 缠绕一圈反向编织

开始编织　A　　B　　2cm

用素编法编织

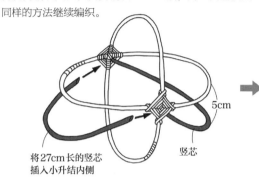

将27cm长的竖芯插入小升结内侧

竖芯

5cm

4 加入竖芯

将 25cm 长的竖芯的其中一端斜着修剪之后，将其斜着插入距离篮口 2cm 处。将竖芯按照篮子的弯曲程度调整好长度，斜着修剪完另一端之后将其插入篮子另一边。将另一根竖芯用同样的方法插入篮子。

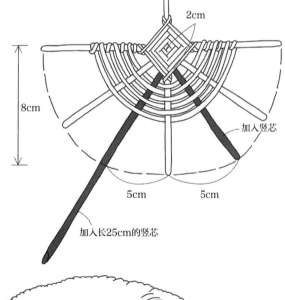

2cm

8cm

加入竖芯

5cm　　5cm

加入长25cm的竖芯

5 从两端开始用素编法编织

用编芯从篮子两端开始朝着篮子中间编织。

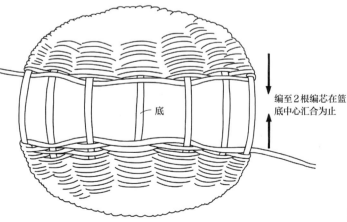

底

编至2根编芯在篮底中心汇合为止

072 柳枝紫罗兰花篮

→ 第 80 页　成品大小：直径为 12cm，高 8cm（包含提手高 22cm）

【材料】

垂柳柳枝

| 竖芯（粗 4~5mm）……长 10cm，6 根 |
| 补芯（粗 2.5~3mm）……长 14cm，24 根 |
| 编芯（粗 1.5~2mm）……长 4m |
| 提手（粗 4~5mm）……长 50cm，1 根 |

重点 应选用粗的柳枝作为竖芯，细的柳枝作为编芯。编织之前应该将枝条在水里充分地浸泡，然后用湿布包起来放置，这样的话编织起来会比较方便。

【制作方法】

1 分芯、制作篮底

拿出 3 根竖芯，在竖芯中间用锥子打上直径约 2cm 的洞，将剩下的竖芯穿过洞，横、竖芯的中心要对齐。

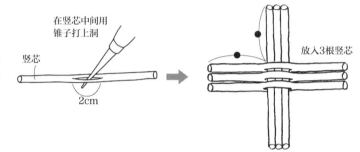

在竖芯中间用锥子打上洞

竖芯

2cm

放入3根竖芯

2 用双绳编法开始编织

将编芯挽个圈挂在竖芯上，用双绳编法编织 2 圈。再将竖芯一根一根地分开，用编芯编至圆盘直径达到 8cm。剪去多余竖芯，编芯暂时保持原样。

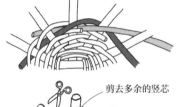

将编芯挽个圈挂住

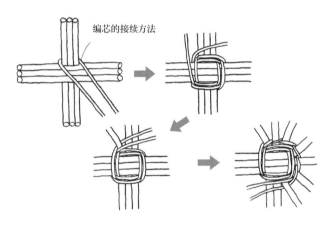

编芯的接续方法

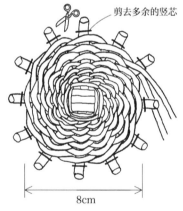

剪去多余的竖芯

8cm

3 补芯

在竖芯两侧各插入一根补芯，使篮底朝上，用硬物在竖芯边缘压出折痕。

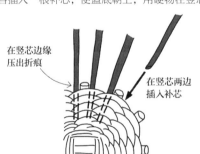

在竖芯边缘压出折痕

在竖芯两边插入补芯

4 用双绳编法继续编织

用双绳编法缠绕 3 圈，将剩余编芯插入竖芯旁边固定住。

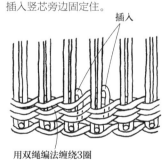

插入

用双绳编法缠绕3圈

5 用三股矢来编法继续编织

将2组竖芯的右侧的竖芯和第三组竖芯中左侧的竖芯作为一组，在距底部6cm处，将编芯挽个圈挂在竖芯上扭转1次。如图，按照先2的右芯再5的左芯这样的顺序用双绳编法编织4圈。

将编芯插入竖芯旁边固定住。竖芯保留超出1.5cm的部分，将多余的剪去。

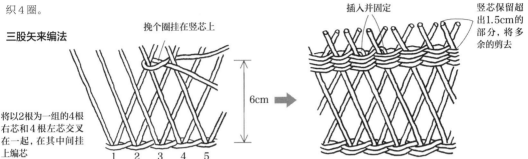

三股矢来编法

挽个圈挂在竖芯上

将以2根为一组的4根右芯和4根左芯交叉在一起，在其中间挂上编芯

1 2 3 4 5

6cm

插入并固定

竖芯保留超出1.5cm的部分，将多余的剪去

6 装上提手

将提手插入篮子的两侧。在篮口插入编芯，斜着缠绕（间隔为3cm）至提手对面后再反向缠绕回来，将线头穿入篮子内侧固定住。

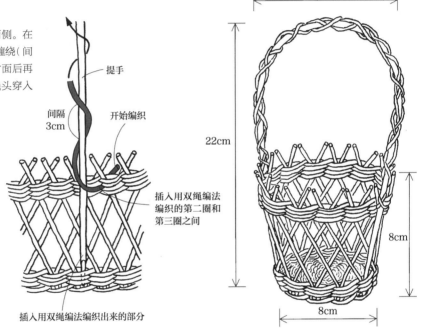

提手

间隔3cm

开始编织

插入用双绳编法编织的第二圈和第三圈之间

插入用双绳编法编织出来的部分

12cm

22cm

8cm

8cm

073 白色柳枝紫罗兰花篮

→ 第81页　成品大小：直径12cm，高8cm

【制作方法】

将制作柳枝紫罗兰花篮的材料（除了提手的材料之外），在水中浸泡，直至皮变软为止，用削皮器将皮去除。参考第230页步骤1~4，将三股矢来编法换为五股矢来编法进行编织。篮口用编芯斜着缠绕。

五股矢来编法

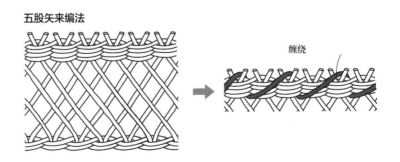

缠绕

074 螺纹花瓶

→ 第82页　成品大小：直径为 11cm，高 21cm

【材料】
垂柳柳枝（粗 1~2mm）……40 克
胶带
钢丝

 重点　编织时最好选择较长且细的柳枝。编织时由于材料比较光滑，连接柳枝时可以先用钢丝固定住，之后再将钢丝解开就可以了。

【制作方法】

1　制作螺纹

拿出 3 根柳枝，将它们的中间部分对齐，重复①~⑦的步骤，制作螺纹。

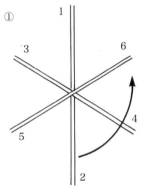

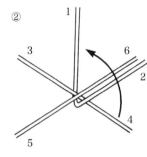

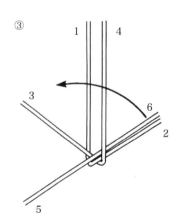

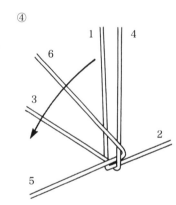

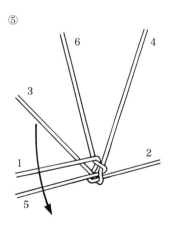

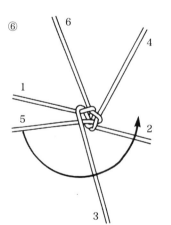

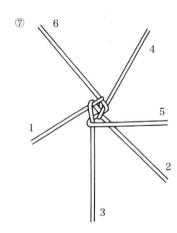

2 一边向外扩张，一边编织

一边扩大篮口直径，一边编至篮子高度达到21cm。

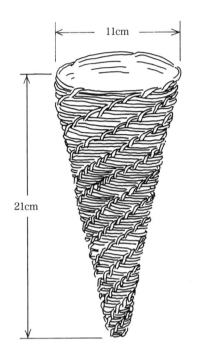

11cm

21cm

3 编织篮口

将细柳枝缠绕2~3圈，制成和篮子直径一样大的圆环。将圆环放在篮口上，把多余的竖芯缠绕在圆环上，再拿出其他的枝条斜着缠绕，将其固定住。

将细柳枝缠绕2~3圈制成直径和篮口直径一样的圆环

将竖芯缠绕在圆环上

再将柳枝斜着缠绕在篮口上

4 装上圆环

将8cm长的柳枝穿过篮子背面，在篮子内侧打结，再用胶带固定住。

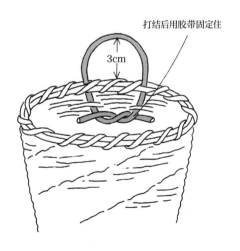

打结后用胶带固定住

3cm

075 垂柳花篮

→ 第82页　成品大小：长23cm，宽7cm，高35cm

【材料】
柳枝（粗1~2mm）……长约70cm，约80克
钢丝（粗2.6mm）

 重点　尽量选择较细的柳枝来编织。将柳枝的其中一端整合在一起，另一端弯折起来。在编织花篮底部时要尽量保持其平整。

【制作方法】

1 整合柳枝

拿出7~8根柳枝，将剩下的柳枝系在一起，手握在距柳枝根部10cm处，将较长的那段弯折过来和根部绑在一起。散开弯折的部分，使其作为花篮底部。观察花篮底部的大小，拿出钢丝绑在柳枝交叉处，在此基础上用细柳枝缠绕3圈固定住。

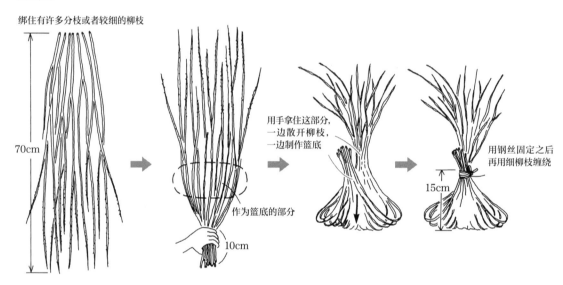

绑住有许多分枝或者较细的柳枝

70cm

用手拿住这部分，一边散开柳枝，一边制作篮底

作为篮底的部分

10cm

用钢丝固定之后再用细柳枝缠绕

15cm

2 编织篮底

将花篮底面朝上，拿出新的柳枝，横着用素编法继续编织。这个时候，两边各保留约30cm的柳枝。

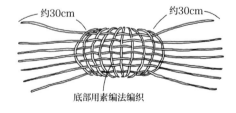

约30cm　　约30cm

底部用素编法编织

3 编织横芯

将剩下的横着的柳枝向上编织，将后面的柳枝编到身前位置，将面前的柳枝编到后面，注意篮子整体的协调性，将过长的柳枝剪去即可。

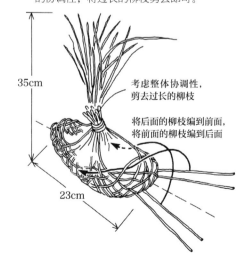

35cm

考虑整体协调性，剪去过长的柳枝

将后面的柳枝编到前面，将前面的柳枝编到后面

23cm

076 苹果花环

→ 第 83 页　成品大小：花环直径为 25cm

【材料】

垂柳柳枝……长约 2m，2 根　　　竹签……3 根
苹果……3 个　　　　　　　　　　闪粉（金色）
雪松果……1 个　　　　　　　　　钢丝（粗 2.6mm）
栀子（带果实）……4 根　　　　　酒椰叶纤维
丝带（宽 1cm）……长约 1.5m　　胶带

 重点　这个花环是使用绿色垂柳制作而成的。装饰用的苹果可以用柚子或者酸橙来替代，它们也可以作为新年的花环的装饰。

【制作方法】

1 制作花环雏形

从柳枝粗的那一段开始，将柳枝细的那一段缠绕在其上，上下缠绕 3~4 圈。继续添加柳枝缠绕，编至花环直径为 5cm 为止。

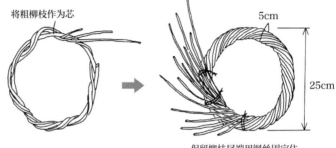

将粗柳枝作为芯

5cm

25cm

保留柳枝尾端用钢丝固定住

2 处理装饰

将竹签插入苹果中，将竹签保留 5cm，剪去多余部分。把钢丝缠绕在雪松果上，并在其表面撒上金色闪粉。栀子保留 10~15cm 的长度，将多余的部分剪去。

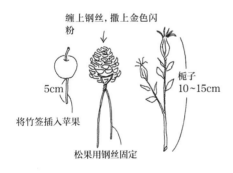

缠上钢丝，撒上金色闪粉

5cm

栀子 10~15cm

将竹签插入苹果

松果用钢丝固定

3 点缀花环

将绑在雪松果上的钢丝绑在花环上，在花环后方打结。将插在苹果上的竹签抹上胶水之后插入花环。保留一根栀子，将剩下的栀子一端粘上胶带之后，均匀地插在花环上。

将钢丝缠绕在花环上固定住

粘上胶带插入花环

4 装上栀子

将丝带叠成图所示的形状，把钢丝绑在剩下的那根栀子上。最后比对花环整体，用酒椰叶纤维制作合适大小的穗子，将其装在花环上即可。

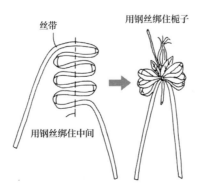

丝带

用钢丝绑住栀子

用钢丝绑住中间

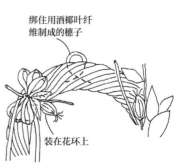

绑住用酒椰叶纤维制成的穗子

装在花环上

077　项链型花环

→ 第83页　成品大小：长23cm，宽24cm

【材料】

垂柳柳枝（粗1~2mm）……长60~70cm，15根
迷你玫瑰……10个
茶树花……12个
桧木果实……8个
芹叶太阳花……1个

金色钢丝（粗2.8mm）……长1.5m
麻绳（粗2mm）……长约2m
喷漆（银色、金色）
胶带

重点　制作这个花环时的想法是想要拥有一个果实仿佛是在柳枝上跳舞的可爱花环。

【制作方法】

1 给果实喷上喷漆

给桧木果实喷上银色喷漆，给茶树花和芹叶太阳花喷上金色喷漆。在芹叶太阳花中插入钢丝。

桧木果实
↑
喷上银色喷漆

茶树花
芹叶太阳花
用锥子打洞
↑
喷上金色喷漆
按照洞的大小弯折钢丝，粘上胶带后插入花里

2 制作花环

将柳枝的两端用钢丝固定住，慢慢弯折柳枝，将柳枝两端保留约5cm，将多余的剪去。用麻绳制作10cm长和20cm长的三股绳，在10cm长的三股绳的一端装上芹叶太阳花并用钢丝固定住，在20cm长的三股绳的一端挽个圈并用钢丝固定住。每根三股绳的两端都用钢丝加以固定，在此基础上缠绕上麻绳。

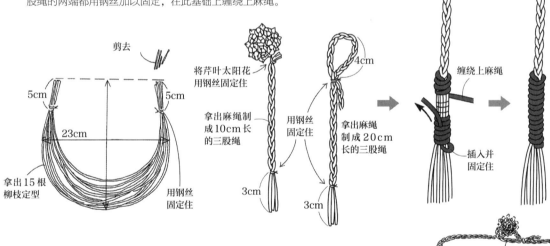

剪去
5cm　　　　　5cm
23cm
拿出15根柳枝定型
用钢丝固定住

将芹叶太阳花用钢丝固定住
拿出麻绳制成10cm长的三股绳
3cm

用钢丝固定住
4cm
拿出麻绳制成20cm长的三股绳
3cm

缠绕上麻绳
插入并固定住

3 点缀上果实、加入金色钢丝

将迷你玫瑰、桧木果实用胶带均匀地粘在柳枝上。将迷你玫瑰的花瓣随机粘在花环上。将钢丝缠绕在细细的棒子上，定型后取下。

金色钢丝
长且弯曲的钢丝，有多种规格，有金、银两色。常用于装饰花环，也可用于其他的装饰。

将钢丝缠绕在细细的棒子上
↓
定型

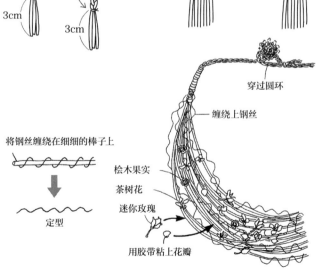

穿过圆环
缠绕上钢丝
桧木果实
茶树花
迷你玫瑰
用胶带粘上花瓣

078 柳枝厨房花环

→ 第 84 页　成品大小：花环直径为 20cm

【材料】

垂柳柳枝……长约 1.5m，2 根
月桂叶……长 10cm，12 根
红辣椒……18 根

酒椰叶纤维……长 3m
胶带

重点 这种花环是将柳枝卷成圆环，再点缀上月桂叶和红辣椒而制成的简单的花环。

【制作方法】

1　用柳枝制作圆环

拿出一根柳枝，从较粗的那端开始缠绕，缠绕 4~5 圈。在此基础上拿出一根柳枝缠绕一圈制成直径为 20cm 的圆环。拿出酒椰叶纤维，制成直径约为 5cm 的圆环，将其打结固定住。

2　制作红辣椒的装饰

拿出 4 根 60cm 长的酒椰叶纤维，在距其顶部 5cm 处打上结。如图，将一根根红辣椒绑在上面，直至放入 18 根辣椒之后打结固定住。

3　装上月桂叶

在月桂叶的一端粘上胶带，粘好后将其顺时针的方向插入。

4　装上红辣椒绳

在缠绕了酒椰叶纤维的花环上装上红辣椒绳，使其自然下垂即可。

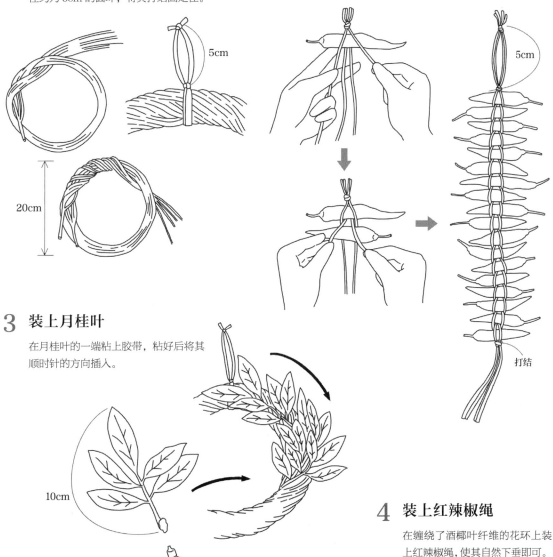

079 大型手提置物篮

→ 第 85 页　成品大小: 长 27cm, 宽 16cm, 高 23cm (包含提手高 34cm)

【材料】

立柳柳枝
| 竖芯 (粗 5~6mm) ……长 30cm,
| 4 根; 长 18cm, 4 根
| 补芯 (粗 5~6mm) ……长 30cm,
| 40 根
| 编芯 (粗约 3mm) ……300 克

木通
| 编芯 (粗 2~3mm) ……300 克
| 钢丝 (粗 2.6mm)
| 胶带

重点 制作大篮子之前要挑选结实的竖芯来编织。因为要保证篮子底部的承重性好, 所以从第一步的分芯开始就要仔细编织。

【制作方法】

1 分芯

拿出 4 根 18cm 长的竖芯并在其中间位置用锥子打上洞, 将 30cm 长的竖芯穿过洞, 按照相同的间距摆放。

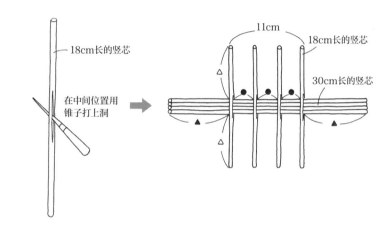

18cm 长的竖芯

在中间位置用锥子打上洞

11cm
18cm 长的竖芯
30cm 长的竖芯

2 用双绳编法继续编织

拿出木通作为编芯, 将其挽个圈挂在竖芯上, 用双绳编法编至篮底大小合适为止, 剪去多余竖芯。

挽个圈挂在竖芯上, 用双绳编法缠绕一圈

将竖芯分为2根一组, 缠绕2圈

16cm

再将竖芯一根一根地分开, 用编芯继续编织

3 补芯

将补芯插入竖芯两侧。在篮子 4 个角的竖芯两侧各插入 2 根补芯。

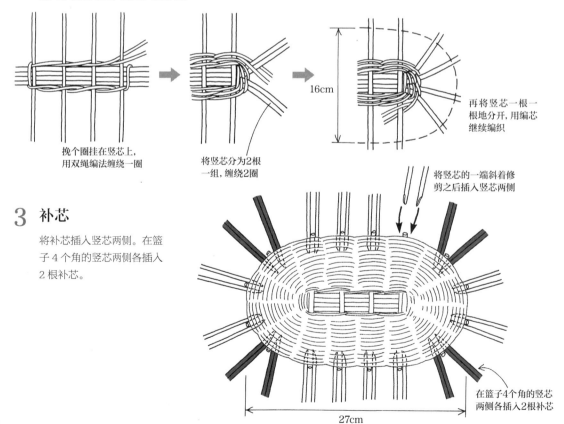

将竖芯的一端斜着修剪之后插入竖芯两侧

在篮子4个角的竖芯两侧各插入2根补芯

27cm

4 向上编织

在竖芯边缘用硬物压出折痕之后向上编织，将木通作为编芯以 2 根为一组，用双绳编法编织 3cm，再将编芯换成柳枝编织 6cm。

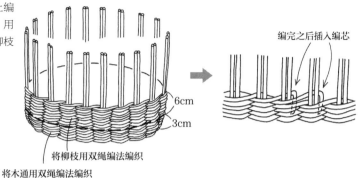

编完之后插入编芯

6cm

3cm

将柳枝用双绳编法编织

将木通用双绳编法编织

5 用两股矢来编法编织

将竖芯右侧的芯和图中 2 左侧的芯作为一个单位，将编芯挽个圈挂在距底座 8cm 处，扭转一次。按照这样的顺序反复用双绳编法编织 6cm，最后剪去多余竖芯。

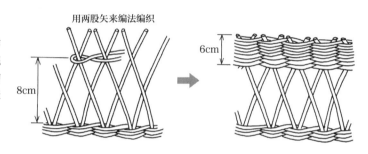

用两股矢来编法编织

8cm

6cm

6 装上四股绳提手

准备 4 根修剪至 80cm 长的木通，将其两端保留 5cm，编成四股绳之后，用钢丝暂时固定住。将四股绳插入距篮底 3cm 处，在篮子内侧打结固定住。在绳结处涂上厚厚的胶带之后解开钢丝。在距篮口 5cm 处用木通在提手上用十字网状固定法来固定，另一面也用同样的方法固定。

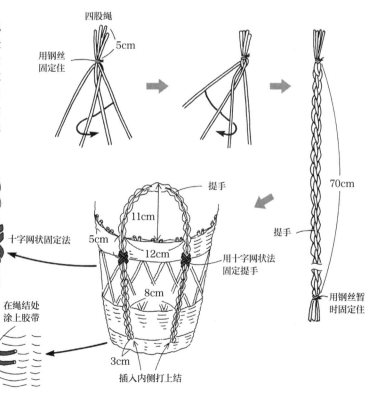

四股绳

5cm

用钢丝固定住

70cm

提手

用钢丝暂时固定住

提手

11cm

5cm

12cm

用十字网状法固定提手

8cm

十字网状固定法

在绳结处涂上胶带

3cm

插入内侧打上结

080 葡萄酒篮 I

→ 第86页 成品大小：长28cm，宽13cm，高10cm（包含提手高20cm）

【材料】

立柳柳枝
　框架（粗5mm）……长70cm，1根
　竖芯（粗4mm）……长45cm，1根；
　长38cm，2根；长35cm，2根
　编芯（粗3mm）……300克

木通（粗2~3mm）……100克
弯曲的藤蔓（提手）……长45cm，1根
装饰绳……长70cm
防水胶带
钢丝（粗2.6mm）

重点 这是一款用来装葡萄酒的葡萄酒篮。提手只是装饰，倒酒时需要打开提手，再取出酒瓶。

【制作方法】

1 制作框架

将制作框架用的柳枝的两端斜着剪去5cm，使修剪好的部分重叠，围成椭圆形环，用钢丝固定之后再缠绕上胶带。拿出2根绳子交叉绑在椭圆形环上，放置4~5天使其定型。竖芯要匹配框架的弯曲程度，用绳子绑住使其定型。

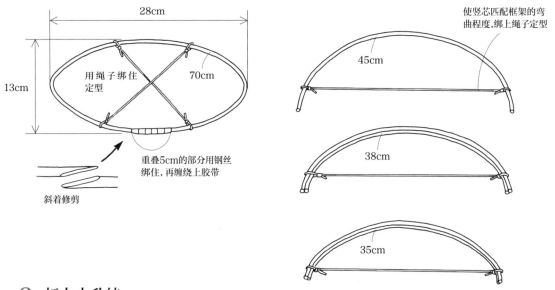

使竖芯匹配框架的弯曲程度，绑上绳子定型

28cm
13cm
用绳子绑住定型
70cm
重叠5cm的部分用钢丝绑住，再缠绕上胶带
斜着修剪
45cm
38cm
35cm

2 打上小升结

拿出45cm长的竖芯放在框架的中央，弯曲成使"篮子"深度约为10cm的样子，将两端各伸出篮口约3cm。连接点用钢丝暂时固定住，打上小升结之后再解开钢丝。

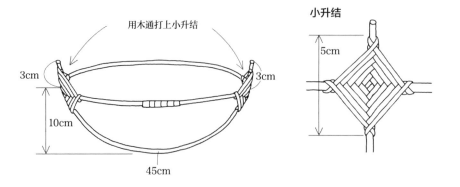

用木通打上小升结
3cm　3cm
10cm
45cm

小升结
5cm

3 从两侧开始编织

拿出 35cm 长的竖芯，将其斜着插入小升结的内侧。用柔软的编芯缠绕图所示的 A 的边缘，缠绕一圈之后再使用素编法一直将其编至 B 的边缘，缠绕一圈 B 处边缘之后再反向编织回去。使用素编法至两边各达到 2cm 宽之后，按照框架的弯曲程度插入 38cm 长的竖芯。

4 反复编织

注意保持篮子花纹平行，继续编织，编至两端编芯在篮底中间汇合为止。

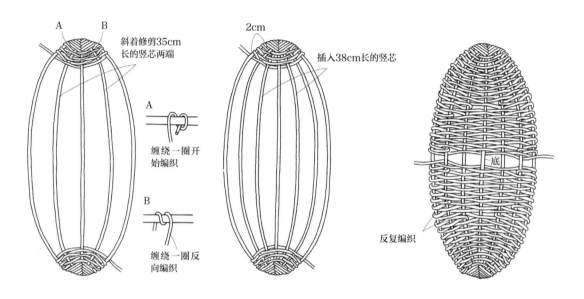

A
B
斜着修剪35cm
长的竖芯两端

A
缠绕一圈开
始编织

B
缠绕一圈反
向编织

2cm
插入38cm长的竖芯

底
反复编织

5 装上提手

在框架的一侧安上一边的提手，拿出木通用十字网状固定法将提手固定住，另一边不用固定，保持原状即可。

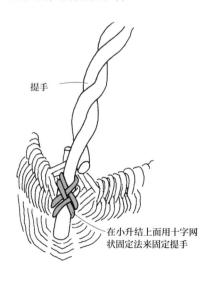

提手

在小升结上面用十字网状固定法来固定提手

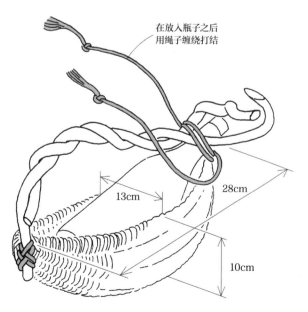

在放入瓶子之后用绳子缠绕打结

13cm
28cm
10cm

081 果子篮

→ 第86页　成品大小：长20cm，宽15cm，高5cm（包含提手高21cm）

【材料】

立柳柳枝
　框架（粗5mm）……长70cm，1根；长75cm，1根
　竖芯（粗3mm）……长20cm，4根
　编芯（粗3mm）……200克
防水胶带
钢丝（粗2.6mm）
绳子

【制作方法】

1 制作框架

拿出制作框架用的70cm长的柳枝，将柳枝的两端斜着剪去5cm，将修剪过的部分重叠起来，围成椭圆形，用钢丝固定住，再缠绕上胶带。用2根绳子交叉绑住框架，放置4~5天定型。将制作框架的75cm长的柳枝放在框架中间，超过图所示的A端2cm之后用钢丝固定住，使篮子保留5cm的深度，用钢丝将框架和B的连接点固定住。向上编织时，在距B点20cm处用钳子弯折柳枝，将柳枝折回A点之后用钢丝固定住。

重点　要注意的是，编织框架时为了保持编芯花纹的平行，要不时地将编芯缠绕在框架上进行固定。

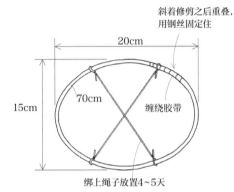

斜着修剪之后重叠，用钢丝固定住

20cm

15cm

70cm

缠绕胶带

绑上绳子放置4~5天

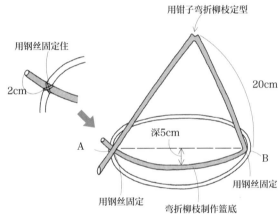

用钢丝固定住

2cm

A

用钳子弯折柳枝定型

20cm

深5cm

B

用钢丝固定

用钢丝固定

弯折柳枝制作篮底

2 开始编织

拿出较细的编芯斜着绑住图所示的A处的连接点，用素编法编织3cm。B处也用同样的方法编织3cm。

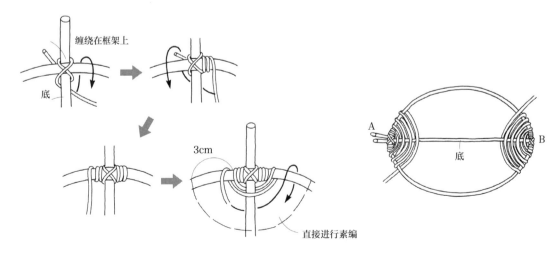

缠绕在框架上

底

3cm

直接进行素编

A

底

B

3 补芯

将竖芯插入各自对应的编芯内，按照篮子的弯曲程度将竖芯的另一边插入另一面的编芯里。

4 用素编法继续编织

从篮子两侧向篮底中间编至两端编芯汇合。

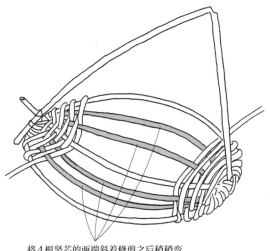

将4根竖芯的两端斜着修剪之后稍稍弯折中间的部分并插入框架

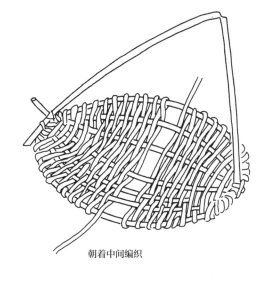

朝着中间编织

5 缠绕提手并用十字网状固定法固定

用较细的编芯缠绕提手部分，并用十字网状固定法固定步骤1中的 A 处，完成后解开钢丝。

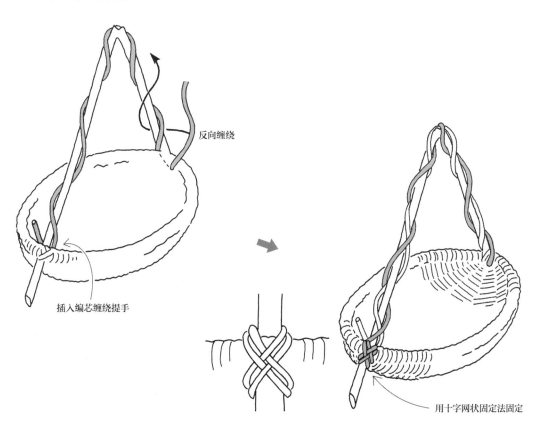

反向缠绕

插入编芯缠绕提手

用十字网状固定法固定

082 葡萄酒篮 II

→ 第87页 成品大小：长28cm，宽18cm，高16cm（包含提手高25cm）

【材料】

立柳柳枝
框架（粗4~5mm）······长80cm，2根
竖芯（粗3~4mm）······长40cm，1根；
长35cm，4根
编芯（粗3mm）······150克
垂柳柳枝（粗2mm）······50克

皮藤（粗3.6cm）······长约2m
落叶松枝······4~5根
防水胶带
钢丝（粗2.6mm）
胶带
绳子

重点 注意要将这个篮子编织成一边高一边低的样子。如果立柳太硬了，开始编织时可以先选用垂柳，这样比较容易编织。

【制作方法】

1 制作框架

拿出制作框架用的柳枝，将柳枝的两端斜着剪去5cm，将修剪完的部分重叠在一起，绕成椭圆形环，用钢丝固定住之后再缠绕上胶带。用同样的方法再制作一个椭圆形环。在椭圆形环上交叉绑上2根绳子，放置4~5天定型。竖芯要匹配框架的弯曲程度，用同样的方法定型。

斜着修剪

重叠5cm

用钢丝固定

缠绕上胶带

25cm

18cm

绑上绳子放置4~5天

竖芯也绑上绳子定型

2 打小升结

如图，将2个椭圆形环摆放在一起，将连接点用钢丝暂时固定住。用皮藤打上小升结，解开钢丝。另一面也用同样的方法打上小升结。拿出40cm长的竖芯，斜着剪去两端，将其从框架上方插入小升结内侧。

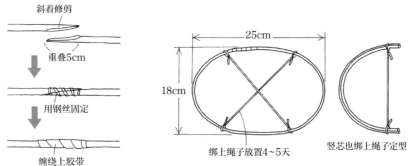

18cm

11cm

斜着修剪

再斜着插入一根40cm长的竖芯

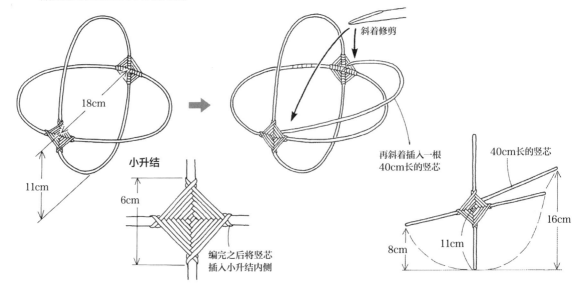

小升结

6cm

编完之后将竖芯插入小升结内侧

40cm长的竖芯

16cm

8cm

11cm

3 插入竖芯开始编织

将2根35cm长的竖芯均匀地插入小升结内侧。用垂柳柳枝缠绕一圈图所示的 A 的边缘之后，用素编法编至 B 的边缘，缠绕一圈篮口之后反向编织回去。编织约 3cm 之后，对另一面也用同样的方法编织。

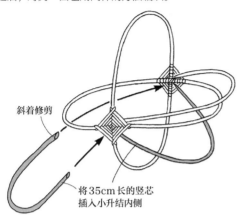

斜着修剪

将35cm长的竖芯插入小升结内侧

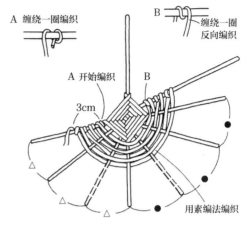

A 缠绕一圈编织

B 缠绕一圈反向编织

A 开始编织   B

3cm

用素编法编织

4 加入竖芯

将剩下的2根竖芯按照框架的弯曲程度，将其修剪过后均匀地插入小升结内侧。

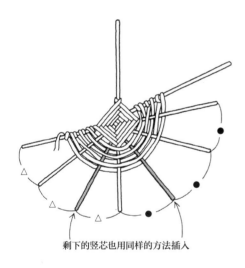

剩下的竖芯也用同样的方法插入

5 引用素编法反复编织

在保持编芯花纹平行的前提下，从篮子两端开始朝着篮底中间反复编织，直至两端编芯汇合为止。

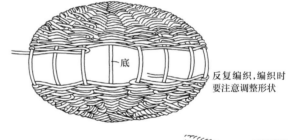

←底

反复编织，编织时要注意调整形状

反复编织

6 插入落叶松枝

在带有松果的落叶松枝上随处粘上胶带，再将其插入篮子两侧。

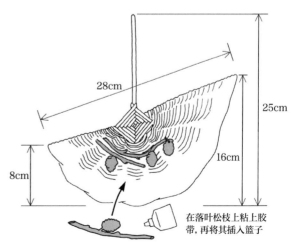

28cm

25cm

16cm

8cm

在落叶松枝上粘上胶带，再将其插入篮子

083 嫩芽篮 I

→ 第 88 页　成品大小：篮底直径 9cm、高 30cm

【材料】

立柳柳枝

竖芯（粗 2~3mm）……长 10cm，4 根

补芯（带嫩芽的枝条、粗 2~3mm）……

长 30cm，16 根；长 25~30cm，约 45 根

垂柳柳枝（粗 2mm）

编芯……100 克

重点　竖芯要选用带有嫩芽的立柳，编芯则选择垂柳。补芯的长度和根数则根据竖芯的间隔来决定。

【制作方法】

1 分芯

在 2 根竖芯的中间位置打洞，将剩下的竖芯穿过洞眼并使其中心对齐。

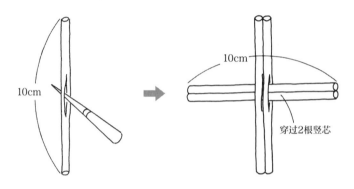

10cm

10cm

穿过2根竖芯

2 用双绳编法编织篮底

将编芯挽个圈挂在竖芯上，用双绳编法编织 2 圈。将竖芯一根一根地分开，编织至圆盘直径达到 9cm 为止，剪去多余竖芯。

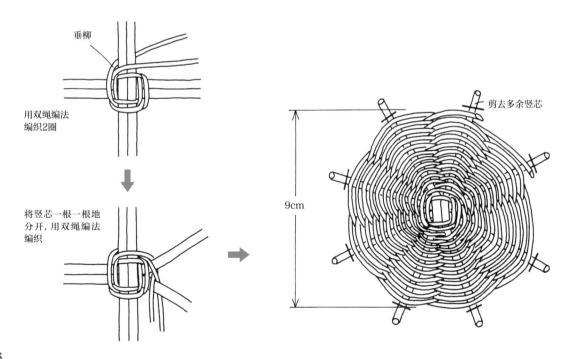

垂柳

用双绳编法
编织2圈

将竖芯一根一根地
分开，用双绳编法
编织

剪去多余竖芯

9cm

3 插入补芯向上编织

将30cm长的补芯插到竖芯两边,使篮底朝上,用硬物在补芯边缘压出折痕然后向上编织。

将30cm长的补芯的一端斜着修剪之后将补芯一端插入编芯,插入深度为2cm

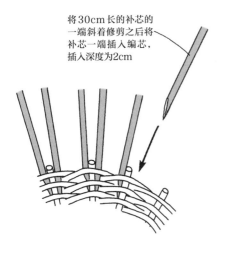

4 用双绳编法继续编织

用双绳编法编至篮身高度达到3cm为止。

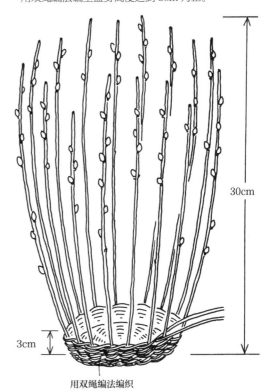

30cm

3cm

用双绳编法编织

5 插入补芯

在竖芯两边插入2~3根25~30cm长的补芯,在此基础上用双绳编法编至篮身高度达到5cm为止。

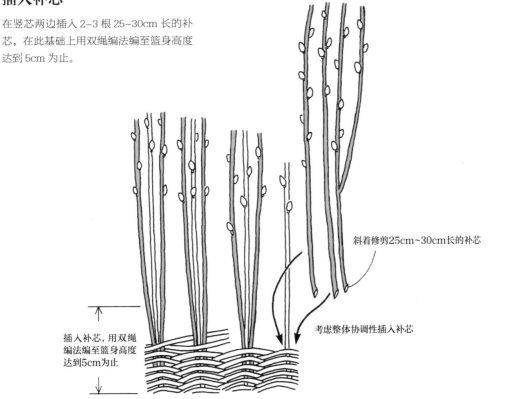

斜着修剪25cm~30cm长的补芯

考虑整体协调性插入补芯

插入补芯,用双绳编编至篮身高度达到5cm为止

084 嫩芽篮 II

→ 第 89 页　成品大小：篮底直径 13cm，高 12cm

【材料】

立柳柳枝
竖芯（粗 2~3mm）……长 15cm，7 根
补芯（粗 2~3mm）……长 17cm，14 根
编芯（带嫩芽的枝条，粗 2~3mm）……
长 20cm，42 根

垂柳柳枝
编芯（粗 2~3mm）……100 克
麻绳（粗 2mm）……长约 1.5m

重点　编织时使用带嫩芽的立柳枝条。竖芯选用距离根部近的较粗的枝条，编织时要小心，不要把嫩芽碰掉了。

【制作方法】

1 分芯

将 3 根 15cm 长的竖芯的中间位置划开，将剩下的 15cm 长的竖芯穿过洞眼并使其中心对齐。

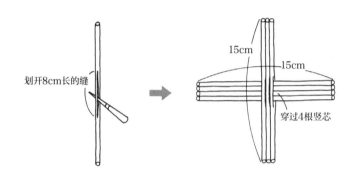

划开8cm长的缝

15cm　15cm

穿过4根竖芯

2 用双绳编法编织篮底

将垂柳编芯换个圈挂在竖芯上，用双绳编法编织 2 圈。将竖芯一根一根地分开，编织至圆盘直径达到 13cm 为止，剪去多余编芯。

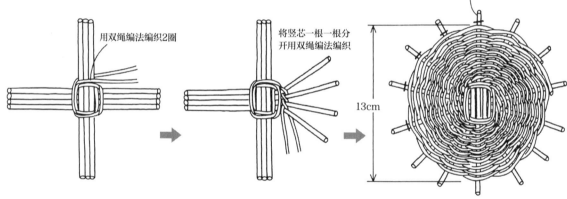

用双绳编法编织2圈

将竖芯一根一根分开用双绳编法编织

剪去多余竖芯

13cm

3 插入补芯向上编织

将补芯插到竖芯两边，插入深度约为 2cm。将篮底朝上，用硬物在补芯边缘压出折痕然后向上编织。

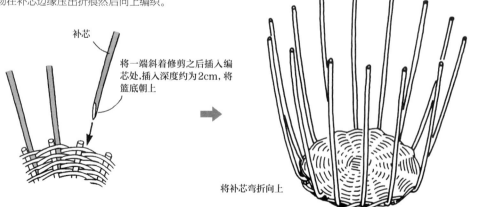

补芯

将一端斜着修剪之后插入编芯处，插入深度约为2cm，将篮底朝上

将补芯弯折向上

4 插入带嫩芽的枝条继续编织

用双绳编法编至篮身高度达到 3cm 为止。拿出 6 根带嫩芽的枝条绑在一起，将其顶端稍稍错开，将枝条插入竖芯之间，注意要将嫩芽保留在篮身外侧。再拿出垂柳枝条，用双绳编法编织 2cm。

将6根20cm长带有嫩芽的枝条错开绑在一起，插入竖芯之间

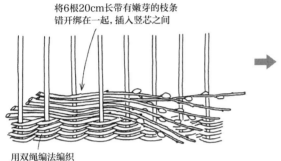

用双绳编法编织

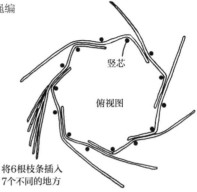

竖芯

俯视图

将6根枝条插入7个不同的地方

用双绳编法编织

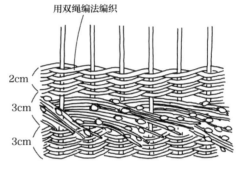

2cm

3cm

3cm

5 编织篮口

拿出 1~2 根 2mm 粗的较长的垂柳枝条，将其围成和篮口一样大的圆环，并插入竖芯之间。将竖芯修剪完后，用麻绳缠绕十字固定住。

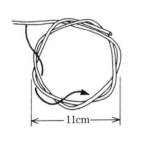

11cm

将垂柳枝条围成直径为11cm的圆环然后插入竖芯

剪去多余竖芯

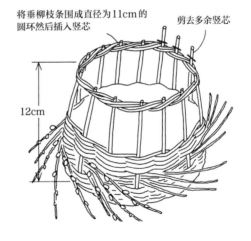

12cm

用麻绳缠绕篮口

在竖芯上缠绕十字

085 干花篮

→ 第90页　成品大小：长18cm，宽5cm，高20cm

【材料】

立柳柳枝
　竖芯（粗2~3mm）……长50cm，7根；长65cm，
　2根
　补芯（带嫩芽的枝条，粗2mm）……长20cm，18根
垂柳柳枝
　编芯（粗2mm）……150克

三合板（比篮底稍大）
钉子

重点 制作这个篮子时要用到众多制作四方篮底的方法中的一种。可以选择将三合板放在一字排开的竖芯下面。将干花插在花泥里，可以起到美化作品的作用。

【制作方法】

1 排开竖芯

在三合板的一端放上50cm长的竖芯，在竖芯中间位置挂上挽好圈的编芯，并用钉子固定住。接下来每隔2cm放置一根竖芯，一共放上7根竖芯，再用双绳编法将其连起来，在任意位置随处用钉子固定住。

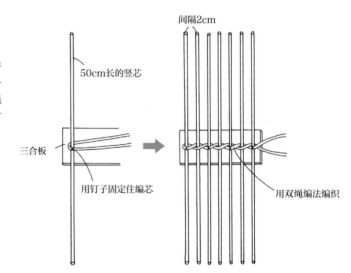

间隔2cm

50cm长的竖芯

三合板

用钉子固定住编芯

用双绳编法编织

2 编织篮底

将编芯向上弯折，以最开始用双绳编法编织的部分为中心，编至篮底宽2cm。将65cm长的竖芯横着用素编法编入其中。继续拿出编芯，用双绳编法编至篮底宽5cm为止。编出篮底雏形之后，将钉子取下。

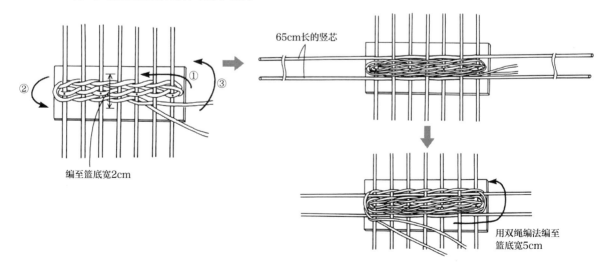

② ① ③

编至篮底宽2cm

65cm长的竖芯

用双绳编法编至篮底宽5cm

3 翻过来继续向上编织

将篮底朝上,并将竖芯边缘用硬物压出折痕。用双绳编法编至篮身高度达到5cm为止。
每间隔一根竖芯,就将2根补芯插入竖芯的一旁。

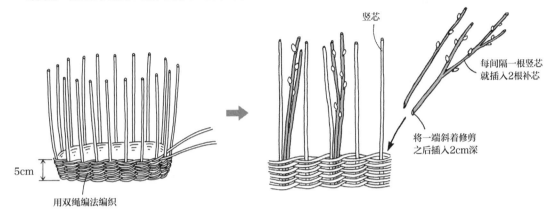

5cm

用双绳编法编织

竖芯

每间隔一根竖芯
就插入2根补芯

将一端斜着修剪
之后插入2cm深

4 用叶形编法继续编织

将修剪至约40cm长的垂柳弯折成3cm宽的
样子。将柔软的编芯挽个圈挂在垂柳弯曲部分
的中间,保留约20cm的长度,将剩下的编芯
左右反复缠绕在垂柳上,编成树叶的形状。其
中任意选择几处不编,留白。再制作2个相同
的叶片(可围绕篮子一圈的量)。将叶片每隔
一根或2根竖芯,前后穿插在篮子里,围绕篮
子一圈之后拿出编芯,用双绳编法编织2圈。

叶形编法

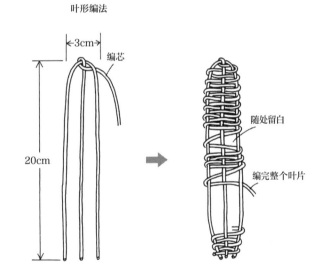

3cm

编芯

20cm

随处留白

编完整个叶片

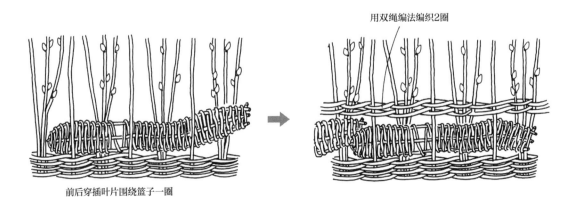

前后穿插叶片围绕篮子一圈

用双绳编法编织2圈

086 圣诞树桩

→ 第 91 页　成品大小：长 30cm，粗 10cm

【材料】

立柳柳枝（粗 5~10mm）……长 30cm，约 25 根

橡果……约 20 个

松果……大的 1 个、小的 2 个

月桂枝……长 10cm，1 根

丝带（宽 5cm）……长 1.1m

钢丝（粗 2.6mm）

花卉胶带（褐色）

喷漆（金色）

胶带

重点 这是以立柳和橡果为主要材料制成的圣诞树桩装饰。一般因为太硬而无法用于编织的立柳，在这种情况下就派上了用场。在作品中部点缀上胸花的话，整个作品会散发出一种华贵的气息。

【制作方法】

1 绑住立柳

给 4~5 根立柳柳枝喷上喷漆后，将所有的枝条绑起来，整体大约粗 10cm，将其中部用钢丝固定住。

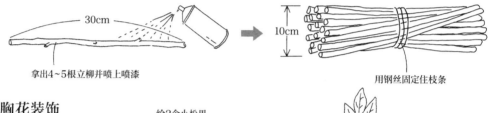

拿出 4~5 根立柳并喷上喷漆

用钢丝固定住枝条

2 制作胸花装饰

给 2 个小松果喷上喷漆。拿出 2 个小的和一个大的松果，将这 3 个松果用钢丝固定在月桂枝上，再缠上胶带。将月桂枝用线和胶带缠绕住。以大松果为中心，用钢丝在其周围固定上金色松果和月桂枝，最后整体用胶带缠绕起来。茎保留约 5cm，多余的剪去。

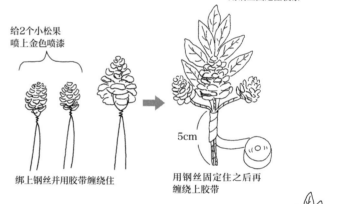

给 2 个小松果喷上金色喷漆

绑上钢丝并用胶带缠绕住

用钢丝固定住之后再缠绕上胶带

3 绑上丝带

将丝带修剪至 35cm 长之后摆成图中样子，然后用胶带粘住。将剩下的丝带用钢丝绑成蝴蝶结，系在月桂枝根部。把蝴蝶结放在花束上用钢丝固定住。

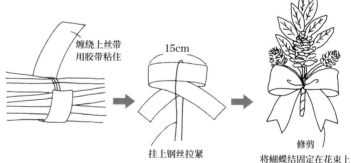

缠绕上丝带用胶带粘住

挂上钢丝拉紧

修剪

将蝴蝶结固定在花束上

4 点缀上橡果

将橡果用胶带粘在枝条或者枝条间的空隙里，最后随意喷上喷漆即可。

将橡果粘上胶带固定在枝条上

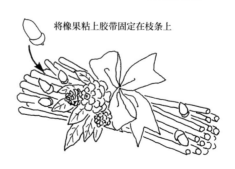

087 门挂件

【材料】

立柳柳枝
（粗 4~6mm）……长约 4m
（粗 2mm）……30cm
八角……6 个
酒椰叶纤维（绿色）

红辣椒……2~3 个
钢丝（粗 2.6mm）
胶带

重点 这是活用短且坚硬的柳枝所制成的装饰。制作门饰的话，做成稍细一些的会比较好看。可以选择自己喜欢的小物件来点缀。

【制作方法】

1 制作框架

拿出 4~6mm 粗的柳枝修剪至 75cm 长后，弯折成图中所示的三角形。将约 55cm 长的柳枝对半弯折之后放入三角形内，并用钢丝固定住。将 2 根修剪至 38cm 长的柳枝并排用钢丝固定在框架上。将横着摆放的柳枝逐根修剪成图中所示的长度，用酒椰叶纤维将其固定住，将钢丝去除。

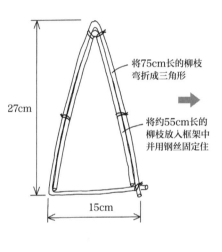

27cm

将75cm长的柳枝弯折成三角形

将约55cm长的柳枝放入框架中并用钢丝固定住

15cm

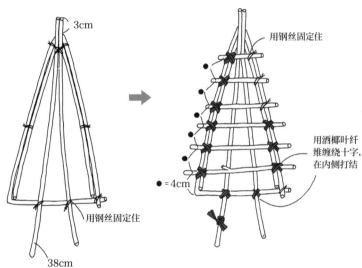

3cm

用钢丝固定住

用钢丝固定住

用酒椰叶纤维缠绕十字，在内侧打结

●=4cm

38cm

2 装上圆环

拿出 2mm 粗的柳枝制成直径约 3cm 的圆环，将柳枝的两端用酒椰叶纤维固定住。

3 点缀

将红辣椒用酒椰叶纤维绑在框架上。将八角用胶带固定在框架上。

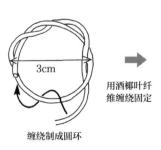

3cm

缠绕制成圆环

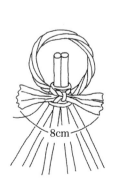

用酒椰叶纤维缠绕固定

8cm

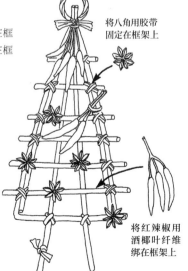

将八角用胶带固定在框架上

将红辣椒用酒椰叶纤维绑在框架上

088 奶酪盖子

→ 第 92 页　成品大小：直径 28cm，高 10cm

【材料】

立柳柳枝

竖芯（粗 2mm~3mm）……长 60cm，9 根

编芯（粗 2mm~3mm）……250 克

重点 由于立柳比较坚硬，所以弯折时会比较困难。要从竖芯一根一根地分开的地方开始，用手一点一点地将枝条捋向内侧使其定型。

【制作方法】

1 分芯

在 4 根竖芯的中间位置用锥子打洞，将剩下的竖芯从洞穿过，并使其横竖中心对齐。

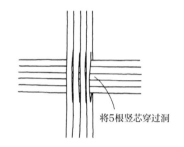

将 5 根竖芯穿过洞

2 用双绳编法继续编织

拿出较细的编芯，将其挽个圈挂在竖芯上，用双绳编法编织 2 圈。再将竖芯以 2 根为一组缠绕一圈，将最后一根竖芯剪去使竖芯根数变为奇数。在此基础上用双绳编法编至篮底直径达到 8cm。再将竖芯一根一根地分开，上下穿插地向内侧弯折竖芯，用双绳编法编至篮底直径达到 16cm 为止。

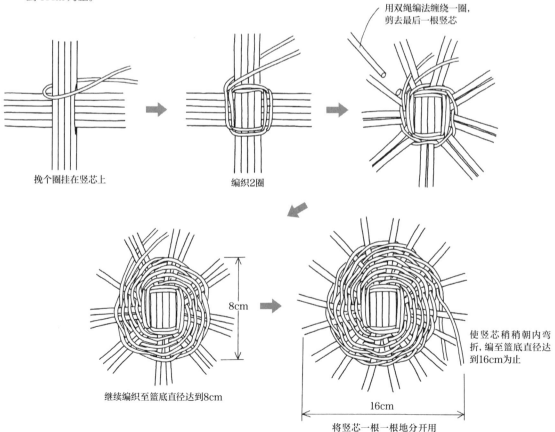

用双绳编法缠绕一圈，剪去最后一根竖芯

挽个圈挂在竖芯上

编织 2 圈

继续编织至篮底直径达到 8cm

将竖芯一根一根地分开用双绳编法继续编织

使竖芯稍稍朝内弯折，编至篮底直径达到 16cm 为止

3 用素编法继续编织

在篮子内侧用手紧紧拉住竖芯，用素
编法编至篮身高度达到 9cm 为止。

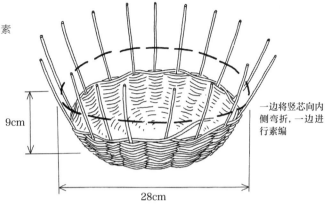

9cm

一边将竖芯向内
侧弯折，一边进
行素编

28cm

4 处理篮口

将竖芯彻底浸湿之后，隔一根竖芯将竖芯头插入下一根竖芯的内侧固定住。剪去多
余竖芯。用编芯在竖芯上方斜着缠绕固定即可。

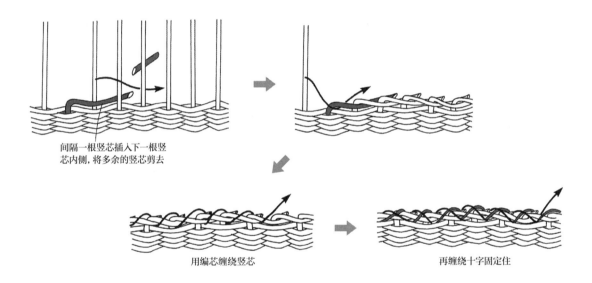

间隔一根竖芯插入下一根竖
芯内侧，将多余的竖芯剪去

用编芯缠绕竖芯

再缠绕十字固定住

5 装上圆环

将较细的柳枝缠绕 3~4 圈，卷成约 1cm 粗、直径为 6cm 的圆环，
再缠绕十字将其固定在篮子的中央。

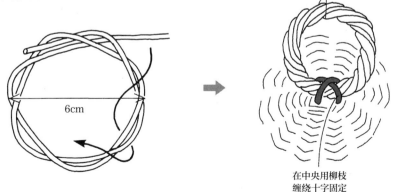

1cm

6cm

在中央用柳枝
缠绕十字固定

089 单人用托盘

→ 第 93 页   成品大小：长 28cm，宽 24cm，高 4cm（包含提手高 8cm）

【材料】

立柳柳枝（粗 2~3mm）……300 克
野葡萄枝条（粗 4~5mm）……长 25cm，2 根
棉线（粗 1.5mm）……40m
装订针
胶带

重点 这是将棉线采用一落编法制成的托盘。针眼间隔的最大限度是 1.5cm，将间隔控制在这个限度之内，一般编出的都会是漂亮的托盘。注意需要在托盘外侧完成打结。

【制作方法】

1 制作 U 字形篮底

拿出 2~3 根柳枝，用棉线从柳枝顶部开始紧紧缠绕 20cm。将缠绕着棉线的部分从中间对折弯曲，用穿有棉线的针，上下交错着再缠绕一层棉线。将柳枝弯折成 U 字形，将穿有棉线的针从 U 字形中间穿过并缠绕柳枝半圈。以 1.5cm 的间距继续缠绕柳枝并用一落编法进行编织，一边加针，一边将篮底编至合适大小。柳枝长度不够的话补上新的柳枝即可。

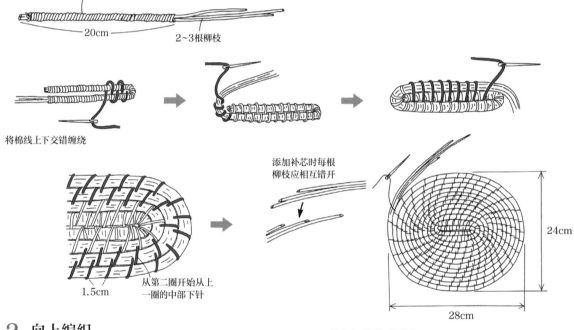

用棉线紧紧缠绕住柳枝

20cm　2~3 根柳枝

将棉线上下交错缠绕

添加补芯时每根柳枝应相互错开

从第二圈开始从上一圈的中部下针

1.5cm

24cm

28cm

2 向上编织

将篮底正面朝上，开始编织篮身，一边补上新的柳枝，一边编至篮身高度达到 4cm 为止，将针穿入篮子内侧打结固定住。将结点插入柳枝的缝隙。

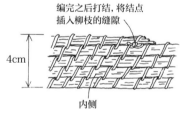

编完之后打结，将结点插入柳枝的缝隙

4cm

内侧

3 装上提手

将野葡萄枝条弯折，并将其放在篮子外侧，拿出 2 根柳枝斜着缠绕提手，缠绕十字后反向缠绕，在篮子外侧打结，将其固定住。为保持篮子整体的和谐感，将多余柳枝剪去。

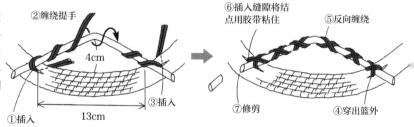

②缠绕提手
4cm
①插入
13cm
③插入

⑥插入缝隙将结点用胶带粘住
⑤反向缠绕
⑦修剪
④穿出篮外

090 Y形托盘

→ 第94页　成品大小：宽22cm，长60cm

【材料】

Y形枝条……1根
尖叶紫柳柳枝

窄带（粗4mm以上）……约1千克
竖芯（粗4~5mm）……长45cm，4根
编芯（粗2~3mm）……200克

樱花树枝皮……长10cm，宽5cm
胶带

重点 用来制作框架的Y形枝条，要精心挑选。制作时要用到的三股窄带，需要提前2天将柳枝煮好，待其膨胀之后剥皮来进行制作。

【制作方法】

1 制作三股窄带

将制作窄带用的柳枝用热水煮2天，等柳枝变软之后趁热将皮剥下。将柳枝皮制成5mm宽、6m长的三股窄带。补充柳枝皮长度时，需要将新的柳枝皮叠在上一片之中连接起来。

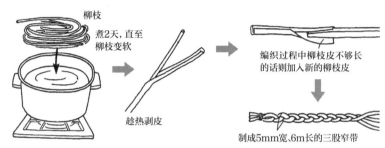

柳枝

煮2天，直至柳枝变软

趁热剥皮

编织过程中柳枝皮不够长的话则加入新的柳枝皮

制成5mm宽、6m长的三股窄带

2 加入竖芯

将竖芯以2根为一组，保持固定的间距放入框架中间。将编芯用双绳编法从中间部分开始将竖芯固定在框架上。

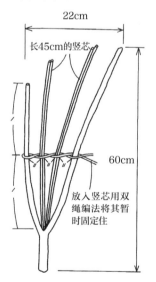

22cm

长45cm的竖芯

60cm

放入竖芯用双绳编法将其暂时固定住

3 从中间开始编织

拿出编芯，从框架中间部位开始向下用素编法编织约13cm。将编芯换为步骤1中制成的窄带，编至Y形框架开叉处，大约编织8cm。解开中间用双绳编法编织的部分，将步骤1中制成的窄带向上用素编法编织约6cm。再用编芯继续编织。等孔变大之后将竖芯一根一根地分开，一边配合整体的协调性进行素编，一边调整托盘形状。

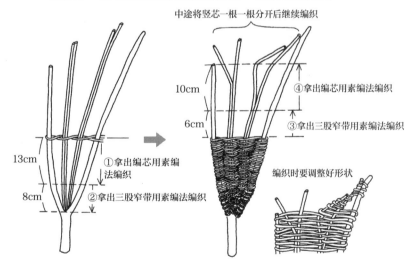

中途将竖芯一根一根分开后继续编织

10cm

6cm

④拿出编芯用素编法编织
③拿出三股窄带用素编法编织

编织时要调整好形状

13cm

①拿出编芯用素编法编织

8cm

②拿出三股窄带用素编法编织

4 点缀

给托盘的握把处缠绕樱花树枝皮，粘上胶带将其固定住。

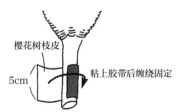

樱花树枝皮

5cm

粘上胶带后缠绕固定

091 麻绳盘

→ 第 96 页　成品大小：直径为 27cm，高 5cm

【材料】
尖叶紫柳

框架（粗 3mm）……长 3m
竖芯（粗 2~3mm）……长 40cm，8 根
编芯（粗 2mm）……约 100 克
麻绳（粗 2mm）……长 30m

钢丝（粗 2.6mm）
透明胶带

 重点

要先将框架用竖芯固定住之后再编织麻绳的部分。除此之外，由于麻绳容易散开，所以要一边拉紧麻绳，一边编织。

【制作方法】

1 分芯

在 4 根竖芯的中间位置用锥子打上洞，将剩下的竖芯从洞中穿过，使其横竖竖芯中心对齐。

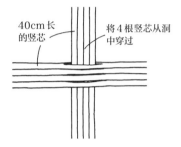

40cm长的竖芯

将4根竖芯从洞中穿过

2 用双绳编法编织

将编芯挽个圈后挂在竖芯上，并用双绳编法缠绕 2 圈。再将竖芯以 2 根为一组，编至篮底直径达到 14cm 为止。

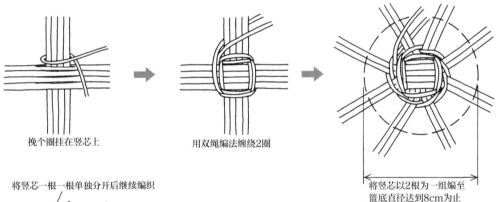

挽个圈挂在竖芯上

用双绳编法缠绕2圈

将竖芯以2根为一组编至篮底直径达到8cm为止

将竖芯一根一根单独分开后继续编织

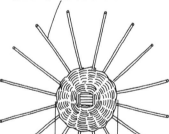

14cm

编完之后将编芯插入篮中固定住

3 给竖芯定型

如图，在竖芯上绑上绳子，朝一个方向拉并固定住，放置约一天使其定型。

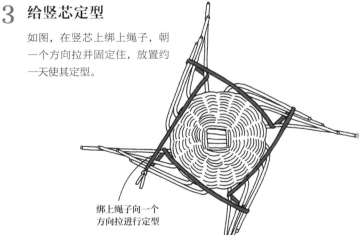

绑上绳子向一个方向拉进行定型

4 制作框架

拿出约 2.5m 长的制作框架用的柳枝，上下缠绕 2~3 圈，围成直径为 27cm 的圆环框架。将竖芯顺着框架弯折，将其修剪至弯折后刚好搭到旁边竖芯的长度。拿出钢丝以 3cm 的间距绑住竖芯和框架。

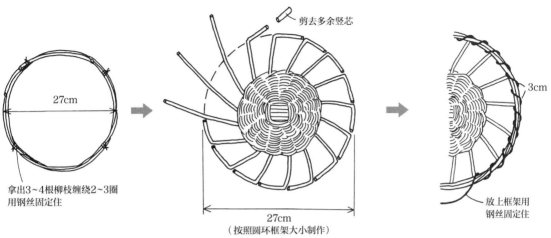

27cm

拿出3~4根柳枝缠绕2~3圈
用钢丝固定住

剪去多余竖芯

27cm
（按照圆环框架大小制作）

3cm

放上框架用
钢丝固定住

5 编织麻绳

将麻绳一端用胶带缠绕起来，插入竖芯旁边。将麻绳的另一端从下一根竖芯的后方穿过，绕这根竖芯缠绕一圈，用同样的方法处理下一根竖芯。一直编到篮口，对于框架的部分，麻绳斜着缠绕一圈。

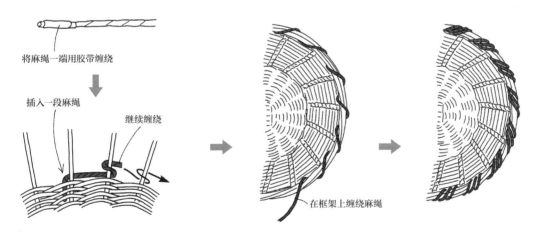

将麻绳一端用胶带缠绕

插入一段麻绳

继续缠绕

在框架上缠绕麻绳

6 装上高台

拿出步骤4中制作框架时剩下的柳枝，将其上下缠绕 3~4 圈制成 1cm 粗、直径为 12cm 的圆环。将其放在篮子中间，用柳枝缠绕十字固定住。

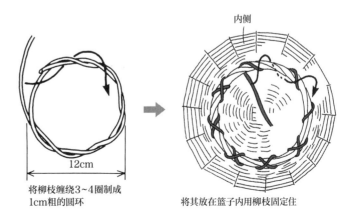

内侧

12cm

将柳枝缠绕3~4圈制成
1cm粗的圆环

将其放在篮子内用柳枝固定住

092 螺旋状手提篮

→ 第 97 页　成品大小：直径为 23cm，高 17cm（包含提手高约 30cm）

【材料】

尖叶紫柳柳枝

竖芯（粗 3~4mm）……长 25cm，10 根
补芯（粗 2~3mm）……长 27cm，18 根
编芯（粗 2mm）……200 克

麻绳（粗 3.5mm）……
3 种颜色，各 25m
钢丝（粗 2.6mm）
透明胶带

重点 根据竖芯数量的不同，不同颜色的麻绳的接续方法也是不一样的。当竖芯数量除以 3 余 2 时，用 3 种颜色麻绳制作出的倾斜的花纹可以很好地展现出来。

【制作方法】

1 分芯

拿出 5 根竖芯，用锥子在其中间位置打上洞，将剩余的竖芯从洞孔中穿过，将横竖竖芯的中心对齐。将编芯挽个圈后挂在竖芯上，缠绕 2 圈。将竖芯分为 2 根一组，用双绳编法编至篮底直径达到 12cm 为止，再将竖芯一根一根地分开，缠绕上编芯后编至篮底直径达到 23cm 为止。剪去多余竖芯，编芯暂时保持原状。

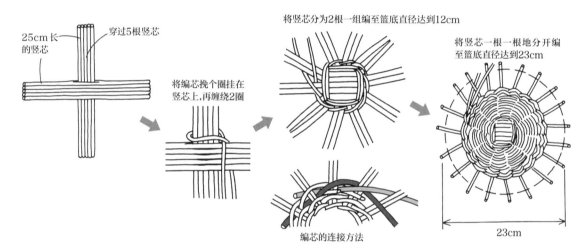

25cm 长的竖芯　穿过 5 根竖芯

将编芯挽个圈挂在竖芯上，再缠绕 2 圈

将竖芯分为 2 根一组编至篮底直径达到 12cm

将竖芯一根一根地分开编至篮底直径达到 23cm

编芯的连接方法

23cm

2 插入补芯向上编织

在竖芯两旁各插入一根补芯，在其中 2 处只插一根补芯（38 根补芯）。将篮底朝上，在补芯边缘用硬物压出折痕，再加入一根编芯，使编芯数量变为 3 根，用三绳编法编至篮身高度达到 3cm 为止，再将编芯插入篮身固定住。

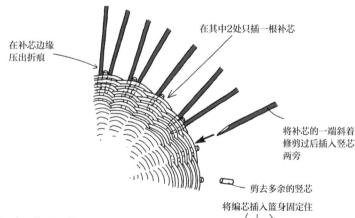

在其中 2 处只插一根补芯

在补芯边缘压出折痕

将补芯的一端斜着修剪过后插入竖芯两旁

剪去多余的竖芯

将编芯插入篮身固定住

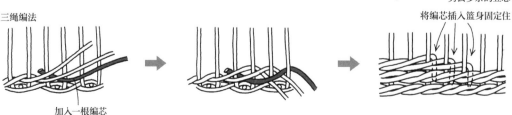

三绳编法

加入一根编芯

3 用麻绳继续编织

将 3 种颜色的麻绳的一端用胶带缠绕 1.5cm，逐根插入竖芯旁边。用三绳编法编织 15cm 的螺旋花纹。编完后，将麻绳尾端也用胶带缠绕起来，粘上胶带后插入篮身固定住。

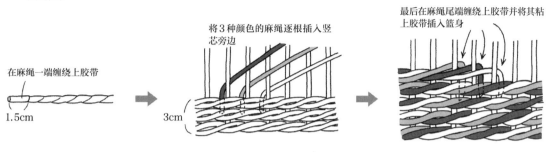

将 3 种颜色的麻绳逐根插入竖芯旁边

最后在麻绳尾端缠绕上胶带并将其粘上胶带插入篮身

在麻绳一端缠绕上胶带

1.5cm

3cm

4 编织篮口，开始收尾

拿出柳枝，用三绳编法编织 2cm。将竖芯每隔一根修剪一次，长的竖芯按照图所示弯折进行收尾。

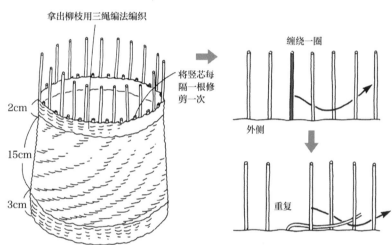

拿出柳枝用三绳编法编织

将竖芯每隔一根修剪一次

2cm

15cm

3cm

缠绕一圈

外侧

重复

5 装上提手

准备 6 根修剪至长 160cm 的 2 种颜色的麻绳，将 3 根分为一组，用四股编法将其编成长 60cm 的窄带。将窄带用钢丝固定在篮子两侧，再用麻绳缠绕 3~4 圈将其固定住。

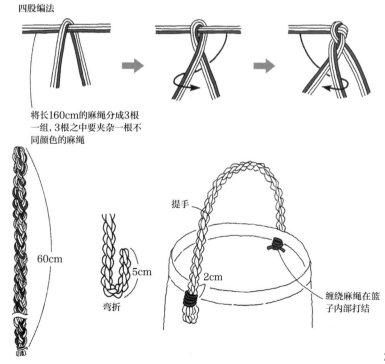

四股编法

将长 160cm 的麻绳分成 3 根一组，3 根之中要夹杂一根不同颜色的麻绳

60cm

5cm

弯折

提手

2cm

缠绕麻绳在篮子内部打结

093 "一落"篮

→ 第 98 页　成品大小：直径为 30cm，高 10cm

【材料】

尖叶紫柳柳枝（粗 2~3mm）……约
200 克
麻绳（粗 1mm）……长约 50m

装订针
胶带

重点 选择编织得紧凑的麻绳，结点处一定要
粘上胶带。

【制作方法】

1 挽个圈开始编织

尽量选择较细且柔软的枝条，用麻绳从其顶部开始缠绕 5cm。将枝条卷起来，再卷
上一圈之后，将针从空隙处穿过并缠绕在圆环上，慢慢编织扩大圆盘的直径。

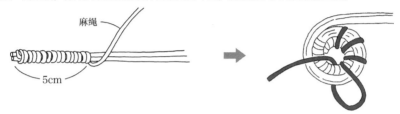

2 用一落编法继续编织

将麻绳穿过针孔，一边加针，一边用一落编法编织。编织时将多根较细的枝条合在
一起，编芯长度不够的话即时补充即可。

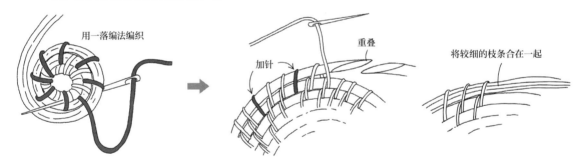

3 向上编织

待篮底直径编织到 12cm 之后，开始编织篮身。将枝条放在篮底，一边向外扩张编织，
一边用一落编法编至篮身高度达到 10cm 为止，编织完成后将针穿出篮外，打上结
固定住。

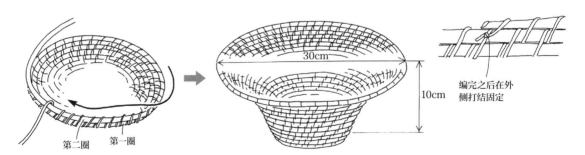

094 旱柳花篮

→ 第99页　成品大小：长45cm，宽30cm，高20cm

【材料】

旱柳柳枝（粗2~6mm）……700 克
麻绳……适量
钢丝（粗2.6mm）
胶带

重点　旱柳花篮是按照枝条原本的长势所制成的花篮。固定连接点使用的绳子不同，整个花篮所呈现出来的感觉也会有所变化。这次制作的花篮有3个放花的位置。

【制作方法】

1　用乱编法制作篮底

将较粗的枝条按照篮底大小进行摆放，用钢丝绑住连接点。在空隙处摆上小的枝条，也用钢丝绑住。

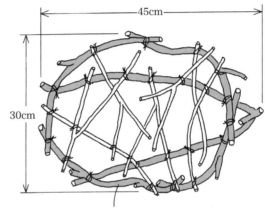

用较粗的枝条摆出篮底雏形，再用钢丝绑住

2　制作篮口

将较粗的枝条弯成不规则圆环，用钢丝绑住。用这种方法制作3个"用于放花朵的入口"。

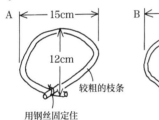

3　制作篮身

一边匹配花篮整体的协调性，一边在篮底边缘搭上小枝条。再放上步骤2中制作的不规则圆环，用钢丝固定住，制成花篮雏形。

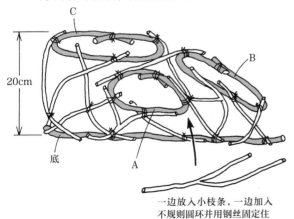

一边放入小枝条，一边加入
不规则圆环并用钢丝固定住

4　缠绕麻绳

将麻绳缠绕在花篮上绑着的钢丝2~3圈。给连接点粘上胶带，使花篮能更加牢固。

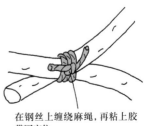

在钢丝上缠绕麻绳，再粘上胶带固定住

095 "万能"水杨花篮

→ 第100页 成品大小：直径为25cm，高23cm

【材料】

水杨
| 竖芯（粗10mm）……长30cm，7根
| 芯材（粗2~4mm）……长48cm，
| 45根；长80cm，15根

木通
| 编芯（粗2~3mm）……50克
| 麻绳（粗2mm）……长约90m
装订针

重点 由于水杨枝条比较坚硬，所以编织时应选择使用未干燥的、新鲜的枝条。在枝条还带着红色的皮时编织的话，即便过了很长时间嫩芽也不容易掉落。作为分芯的枝条则应选择根部较粗的。编织时需要补足枝条编芯的话，要将枝条较粗那一端插入。

【制作方法】

1 分芯

拿出3根竖芯，在其中间位置用锥子划开10cm的缝隙，将剩下的竖芯从缝隙中穿过，使横竖竖芯的中心对齐。

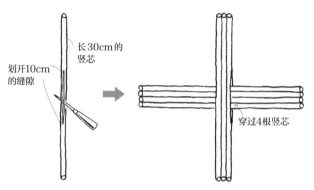

长30cm的竖芯
划开10cm的缝隙
穿过4根竖芯

2 拿出木通用双绳编法编织

将木通挽个圈挂在竖芯上，用双绳编法编织2圈。将竖芯一根一根地分开，用双绳编法编至圆盘直径达到25cm为止，剪去多余的竖芯。

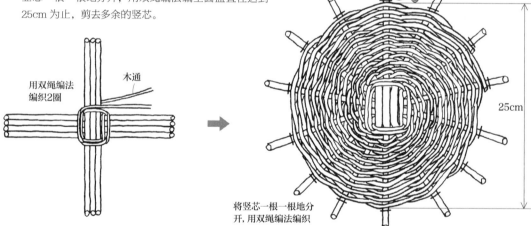

用双绳编法编织2圈
木通
剪去多余竖芯
25cm
将竖芯一根一根地分开，用双绳编法编织

3 用水杨向上编织篮身

拿出80cm长带嫩芽的枝条，将其放在篮底外圈，用穿有麻绳的针，将木通和枝条使用一落编法缠绕一圈，剪去多余枝条。

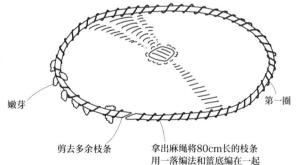

嫩芽
第一圈
剪去多余枝条
拿出麻绳将80cm长的枝条用一落编法和篮底编在一起

4 任选 3 处保留穗子

将篮底三等分，做好标记。拿出 48cm 长的柳枝，从根部开始弯曲，与编织篮底的
第一圈柳枝重合，在做了标记的地方保留约 20cm 的穗子，再用一落编法将柳枝编
入篮底。在穗子与篮身连接处插入 48cm 长的柳枝，用一落编法继续编织。用相同
的方法编织，一圈可以插入 3 根带穗子的枝条。

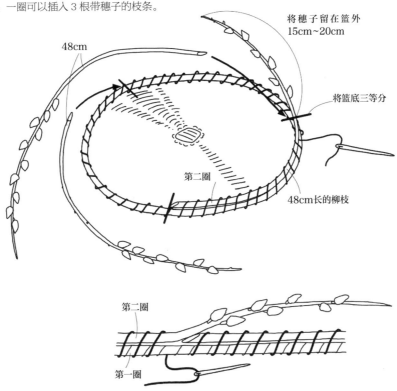

将穗子留在篮外
15cm~20cm

48cm

将篮底三等分

第二圈

48cm长的柳枝

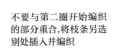

第二圈

第一圈

5 用一落编法继续编织

和第一圈一样，第三圈也用 80cm 长的柳枝来编织。每间隔一圈都拿出 3 根柳枝，
使穗子保留在篮外，编至篮身高度达到 23cm 为止，编完之后将针穿入篮内，固定
柳枝。

第三圈

不要与第二圈开始编织
的部分重合,将枝条另选
别处插入并编织

6 随机固定穗子

将在篮外的穗子随机用麻绳固定住。

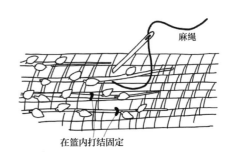

麻绳

在篮内打结固定

096 水杨花环

→ 第 101 页 成品大小：直径为 26cm

【材料】

水杨（粗 2~3mm）……长 60~80cm，
15 根
刺桂叶（10cm）……5~6 片
珠光香青（干）……适量

缎带（宽 1.5cm、白色）……1.5m
钢丝（粗 2.6mm）
胶带

重点 在水杨枝条还带着红色的皮时将其制成花环的话，嫩芽就不容易掉落。由于水杨的枝条较坚硬，所以要趁着枝条新鲜、柔软时编织。

【制作方法】

1 用水杨制作花环雏形

将较长的水杨枝条制成直径约 25cm 的圆环。再从相反的方向缠绕上枝条，使圆环达到 5cm 粗。

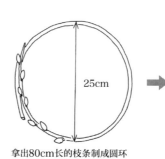

拿出80cm长的枝条制成圆环

错开枝条的开端，从反方向缠绕过来使圆环达到5cm粗

2 加入珠光香青

剪下珠光香青的花朵部分，用胶带将其粘在圆环上。

剪下花朵部分用胶带粘住

3 插入刺桂叶

将刺桂叶均匀地插入花环。

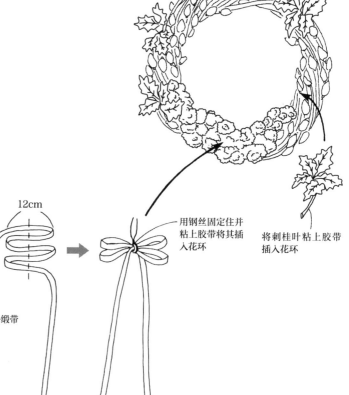

用钢丝固定住并粘上胶带将其插入花环

将刺桂叶粘上胶带插入花环

4 装上蝴蝶结

将缎带绑成图所示的样式，用钢丝固定住，给其粘上胶带之后将其插入花环。

12cm

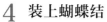

缎带

097 树枝花瓶

→ 第 102 页 成品大小：直径为22cm，高50cm

【材料】

树枝

竖芯（粗5~6mm）……长65cm，3根

补芯（粗5~6mm）……长约45cm，11根

木通

编芯（粗2~3mm）……200克

重点 这是通过调整树枝根数和粗细制作成的形态各异的花瓶，但是要注意整个作品的稳定性。

【制作方法】

1 用3根树枝制作花瓶雏形

将65cm长的树枝在距底部10cm处交叉摆放。拿出木通，使其先保持原状，将每根树枝用十字网状固定法缠绕，再缠绕3~4圈之后制成花瓶框架。

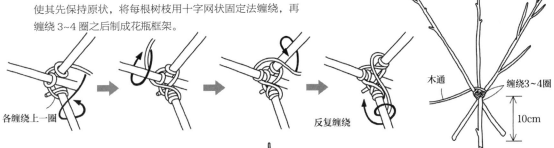

2 插入补芯后用双绳编法编织

在3根树枝之间各插入3~4根补芯，再各加入一根编芯，用双绳编法慢慢向外扩张编织，编织17cm后将编芯穿入花瓶内侧固定住。

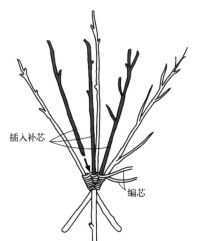

3 缠绕瓶足

拿出编芯，在3根树枝上各自顶部向下缠绕2cm，将编芯固定在框架内侧。

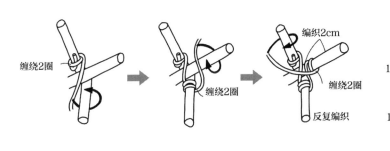

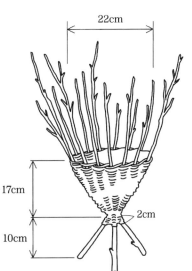

098 樱花树枝架

→ 第 104 页 成品大小：宽 60cm，长 70cm

【材料】
樱花树枝（70cm）……5 根
木通（粗 2~2.5mm）……80 克

重点 在制作时要一边调整樱花树枝的形状，一边用木通来定型。由于支架越往上，树枝之间的间隔会越大，所以为了不让框架晃动，在连接时要扭紧木通。

【制作方法】

1 组合框架后用双绳编法固定

在距 5 根树枝下端 8cm 的地方，挂上挽好圈的木通，再用双绳编法编织 4 圈。

2 斜着缠绕上木通

将木通用双绳编法斜着挂在树枝上。如果树枝之间的间距变大了，编织时要扭紧木通。

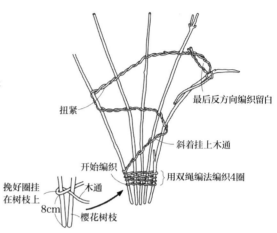

扭紧
最后反方向编织留白
斜着挂上木通
开始编织
挽好圈挂在树枝上
8cm
木通
樱花树枝
用双绳编织4圈

3 固定框架的上部枝条

在框架上部用双绳编法编织一圈之后，反向空出 1cm 的间隔继续编织。

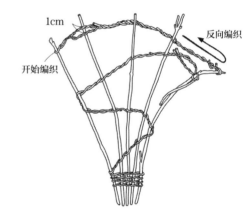

1cm
反向编织
开始编织

4 继续编织填充

左右反复用双绳编法编织，来填充框架上空白的部分。可以随机编出小小的叶形空白。

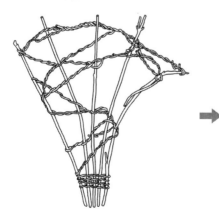

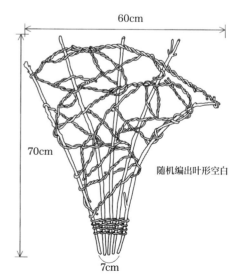

60cm
70cm
随机编出叶形空白
7cm

099 白桦花篮

→ 第 105 页 成品大小：长 13cm，宽 8cm，厚 1cm

【材料】

白桦树树皮
　宽 4cm，长 13cm……2 片
　宽 2.5cm，长 17cm……2 片
藤编装饰片（宽 3cm、白色）……
　长 13cm，3 条；长 17cm，2 条，长 10cm，
　1 条

麻绳（粗 1.5mm、白色）……长约 1m
木棉绳（宽 2mm、驼色）……长约 1.5m
竹制纽扣……1 个
香囊用丝带（宽 10cm）……长 18cm
熏香……适量
装订针

重点　由于白桦树树皮容易打卷、不好处理，所以制作花篮时用装订针将其暂时固定后进行编织会比较方便。

【制作方法】

1 组装白桦树树皮和藤编装饰片

如图所示，组装树皮和藤编装饰片，在任意位置用装订针暂时固定形状。

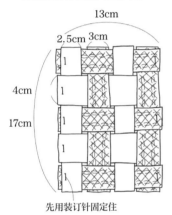

13cm
2.5cm 3cm
4cm
17cm
先用装订针固定住

2 给针脚缝上十字花纹压线

将麻绳穿过针眼，在树皮和藤编装饰片的连接点处横着缝上十字花纹压边。每缝一圈都在花篮内侧收尾，再拆掉装订针。

用麻绳缝上十字花纹压边

3 缝篮边

将步骤 2 中的藤片轻轻对折，中间保留 1cm 的厚度，在篮身两侧缝上十字花纹压边。

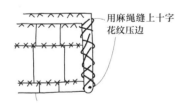

用麻绳缝上十字花纹压边

4 装上提手

将 10cm 长的藤编装饰片缝在篮口两端下方 1cm 处。将竹制纽扣用线缝在花篮上。

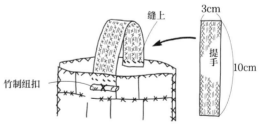

缝上
3cm
提手
10cm
竹制纽扣

5 装上穗子

用木棉绳在篮身两侧打结。

将穗子穿过篮身两侧的十字花纹压边并打上结

6 制作香囊

将丝带反面朝外并将其缝起来，放入熏香，再将其放入花篮中即可。

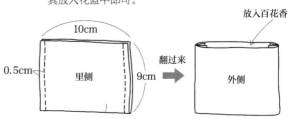

10cm
0.5cm
里侧
9cm
翻过来
放入百花香
外侧

100 白桦挂饰

→ 第 106 页 成品大小：长 35cm，宽 28cm

【材料】

白桦树树皮……长 15cm，宽 15cm
日本落叶松枝……长 35cm、
28cm、20cm，各 1 根
白桦树树枝（3~8cm）……3 根

毛线
| 2 种颜色的竖线……各 2m
| 4 种颜色的横线……各 1.5m
喷漆（金色）
钢丝（粗 2.6mm）
胶带

重点 这是一个用枝条制作框架，将毛线当作竖芯挂在上面，加入白桦树树皮后再绑上横线所制成的挂饰。毛线选择自己喜欢的颜色即可。

【制作方法】

1 撕开白桦树树皮，给枝条喷上喷漆

将白桦树树皮撕成 4~5 张。在日本落叶松枝和小树枝上轻轻喷上喷漆。

2 制作框架

将 3 根日本落叶松枝摆成三角形，连接点处用钢丝绑住。在此基础上，卷上修剪成 8mm 宽的白桦树树皮并用胶带将其粘住。

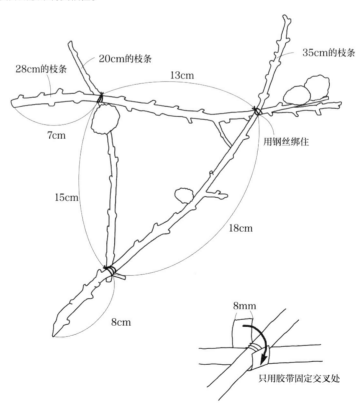

28cm 的枝条
20cm 的枝条
35cm 的枝条
13cm
用钢丝绑住
7cm
15cm
18cm
8cm
8mm
只用胶带固定交叉处

3 挂上竖线

将作为竖线使用的毛线在框架根部打结固定住，在框架的上、下方挂上 14 根竖线。

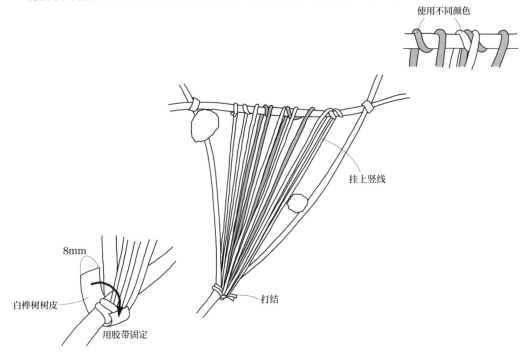

使用不同颜色

挂上竖线

8mm

白桦树树皮

用胶带固定

打结

4 编入白桦树树枝

一边编入横线，一边将白桦树树枝上下交错地挂在横线上继续编织。考虑到挂饰的整体协调性，可以随机加入小树树枝以及改变毛线的颜色。

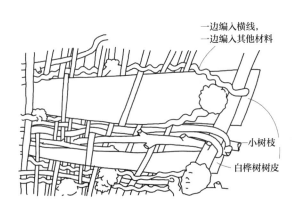

一边编入横线，
一边编入其他材料

小树枝

白桦树树皮

佐佐木丽子

她在学习花卉设计的同时，对于盛放花卉的花篮的制作也产生了很大的兴趣。她师从被誉为藤工艺家第一人的加藤巳三郎氏，学习到了日本传统工艺藤技法。1982 年她在日本银座举办了"佐佐木丽子的花环世界"展会，赢得了好评。1992 年她在日本东京商工会议所办的工艺展获得了理事长奖。她喜欢旅行，会被所到之地的美妙的自然风光和精巧的工艺品所吸引。同时，她任职编织花篮教学的讲师，著有多本花篮编织相关图书。